時代の転換点を
きみはどう見極め、
乗り切るのか

PARANOID SURVIVE

パラノイアだけが生き残る

超心配性

ONLY THE PARANOID SURVIVE

アンドリュー・S・グローブ 著
佐々木かをり 訳
小澤隆生 日本語版序文

日経BP社

ONLY THE PARANOID SURVIVE by Andrew S. Grove

日本語版序文

小澤　隆生

テスラの一号車をなぜ買ったのか

私は電気自動車メーカー「テスラ」の日本上陸一号車を購入した。購入したのは２０１０年であり、当時日本でテスラはまったく知られておらず、電気自動車の将来性も語られていなかった。充電ステーションは国内のどこにもなく、テスラの安全性も未知数であった。しかも価格は１８００万円。それでも一号車を買うという決断をしたのは、日本の誰よりも早く電気自動車を持つ体験をし、来るべき電気自動車が当たり前の時代に向けてなにか新しいサービスやビジネスを生み出したい、と考えたからである。

私は、新しいビジネスを生み出したい、今のままでは自分はだめになってしまうという「パラノイア」的気質を多少なりとも持っているし、そのために「10Xの変化」を見極めたいという気持ちが強いのだ。

この『パラノイアだけが生き残る』という本には、「パラノイア」「10Xの変化」という2つの言葉がいたるところに出てくる。詳細は本を読んでいただき、自分なりにこの2つの言葉の意味を理解していただければと思うが、私なりの理解で簡単に説明すると「パラノイア」は過度なまでの心配性であり、「10Xの変化」とは自社がビジネスを展開している領域に強力な競合が出現するといった環境や世の中自体の大きな変化である。

パラノイア気質はなぜ大事なのか

パラノイア気質は大事である。それは簡単に言うと「いい時ばかりではないから」だ。「10Xの変化」に気づき、それに基づく事業を成功させたとしても、時が経てばかならず悪い時が来る。別の「10Xの変化」がやってくるのだ。

本書のタイトルを改めて見てほしい。「パラノイアが成功する」ではなく「パラノイアだけが生き残る」である。パラノイアでなくても成功することもある。ただ、その後にやってくる悪い兆候を察知し、適切に対処し生き残ることができるのは、パラノイアだけなのだ。だから私はできる限りパラノイア気質がある起業家に投資をする。強気一辺倒、超楽観的な気質のみではなく、パラノイア的な気質を持っているかどうかを見抜く努力をしている。

パラノイア気質を備えているかどうかを判断するのは、実はそれほど難しくない。たとえば私は、起業家や部下にある簡単な仕事を頼んでいる。それは、宴会の幹事やグループ旅行の幹事だ。旅行なら行き先を決め、日程を調整し、交通機関のチケットを手配し、宿を予約する。

参加者に集合場所やスケジュールを伝えて、会費を集める。みなさんが想像する幹事の仕事そのものである。

ただしグループ旅行というのは、10人で行けばひとりくらい集合時間に遅刻してくる人もいるし、大雨が降ることもあるし、ひどい渋滞で目的地への到着が遅れることだってある。そういったトラブルを事前にどれだけ見越して、予定を組んでいるか。旅のスケジュールにトラブルでの遅れを吸収する時間を取っているか。雨が降ったらイベントの代案があるか。

さらに、こうした問題が起こったとしても、旅行の参加者が楽しめるように気を配れているか。パラノイア気質が少しでもあれば、遅刻するかも、雨が降るかも、寒いかも、トイレに行きたくなるかもといったあらゆるトラブルを想像して計画を組んでいるはずである。

そもそも新規事業や起業は、9割以上がうまくいかないものだ。旅行以上にトラブルが続出する。だから、うまくいかない前提でトラブルを想像して準備をしておかなくては、成功できないし、成功を継続できない。

10Xの変化は人生を変える

1994年頃、私はインターネットに出会った。これはとんでもないことが起きると思い、夢中になって「こんなことができる、あんなこともできる」と妄想し続けた。大学の友人がマスコミや商社、銀行に就職を希望している中、法学部出身としてはまったく縁がないＩＴ企業だけにターゲットを絞り、実際に就職をした。その後もインターネットに関わり続け、たくさんサービスを立ち上げたり会社を作ったりしている。

そしてインターネットは確かに世の中を変え、私の人生も変えた。インターネットの出現はまさに「10Xの変化」であり、20年以上前のかなり早期にそれに気づけたことは本当に幸運だったと考えている。ちなみに本書の第9章において著者、アンディ・グローブ氏のインターネットに対する考え方が披露されているが、インターネットの本質を正確に見抜いているので、ぜひ読んでみてほしい。

私はインターネットが「10Xの変化」であると信じたことによって人生が変わったわけだが、ほかの「10Xの変化」についてはほぼ見逃している。iPhoneが登場したときは誰がこんなものを使うんだと考えていたし、インターネットで洋服は売れないと思っていた。しかし、すべての「10Xの変化」を見抜けないことについてはあまり神経質にはなっていない。「10Xの変化」は人生に一度でも見つかればいいのではないかと考えているし、インターネットの10Xに気づけただけでも私はラッキーだったと思う。人生に一度も見つかっていない人も実際は多くいるのではないだろうか。

では一度だけでも10Xの変化に気づくにはどうしたらいいだろうか。それにはもちろん本書をしっかり読んでほしいわけだが、唯一私から補足するとしたら、本書が書かれた時点より、現在のほうが「10Xの変化」の見極めに使える情報量が圧倒的に増えていることをしっかり活用すべきということだ。インターネットやSNSなどで多くの情報が素早く流通するので、

「10Xの変化」の兆しには気づきやすくなっている。その一方で、テクノロジーのキーワードも次々と登場し、転換点とはならずに消え去る「ノイズ」が多くなった。世界の動きが速くなり、「10Xの変化」が以前よりも短いスパンで現れるようにもなってきた。その点では、以前にもまして情報にアンテナを張り、同僚と議論を重ねて「10Xの変化」を見極める能力を磨く必要がある。

行動の重要性

いかにして「10Xの変化」を感じ取るかという解説には、本書ではかなりの分量を割かれているが、変化に対して行うべき「行動」部分は割とあっさりと書かれている。ただし、変化に気づいただけではもちろんだめで、その変化に対してしっかりと適切な行動をとれない限り成功することはできない。「10Xの変化」に対して適切でない行動をとれば、もちろん失敗やイマイチな結果が待っている。

私は冒頭で申し上げた通り、テスラの一号車を購入した。電気自動車は「10Xの変化」と考えて、電気自動車がある生活をいち早く経験し、そこから新しいサービスやビジネスを見つけたいという希望があったと述べた。しかし今現在、残念ながら電気自動車に関するサービスもビジネスも展開していない。いや、正確に言えば過去には電気自動車の会社を作ったこともあったが、テスラに実際に乗っていて車としてのあまりの完成度や、テスラ創業者のイーロン・

マスクのビジョンの素晴らしさに感銘を受け、諦めてしまったのだ。

では私はどうすればよかったのだろう、と最近改めて考える。もちろん電気自動車のメーカーとしてもっと真剣に事業に取り組むべきだったという考えもある。ただそこまでいかなくても、電気自動車の世界が来る、そしてテスラがそこまでいい車を作る会社であると誰よりも早く気づいていたならば、せめてテスラの株を買っておくべきだったと思っている。車両価格は1800万円。私がテスラ車を買ったのは2010年6月11日、一方でテスラが上場したのは18日後の6月29日。上場当時の時価総額は約1800億円程度だったが、2017年7月時点では6兆円を超えている。

車両を買って喜んでいた当時の自分に言ってやりたい。その1800万円でテスラの株を買っていれば、今は約6億円だぞ、と。買うのは車両じゃなくて、株だぞ、と。まあ、ちょっとセコい話であるが、行動によって大きく結果が変わる事例だと思ってみなさんに笑っていただければ、1800万円払ったことも多少報われるというものである。

アンディ・グローブ氏自身は、インテルがメモリー事業の危機という「10Xの変化」を発見した後、マイクロプロセッサー事業に一気に転換している。これは並々ならぬ行動であり、そこに行き着くまでのグローブ氏の葛藤と判断を本書を通じて体験してほしい。

会社員も就活生も、パラノイア気質を備えておくべき

これから本書を読もうとするみなさんにとっては余計なお世話かも知れないが、この本の内容を極めて簡単に要約すると、「パラノイア」となって世の中や自分のビジネスをしっかりと考え続け、その結果発見した「10Xの変化」に対してしっかりと「行動」しようということである。

パラノイア気質が必要なのは、起業家や経営者だけではない。会社員でも、就職活動中の学生でも、パラノイアの想像力を持っていたほうがいい。就職先を決めるとき、任された仕事を遂行するとき、小さな問題を先読みすることだけではなく、本書でグローブ氏が書いているように「10Xの変化」を見極めて、乗り切るべき時が誰にでもあるし、それにはパラノイア気質が絶対に必要になるからだ。

本書を読めばその重要性がしっかりと理解できる。グローブ氏は第一線の経営者として実践の経験もあることに加え、スタンフォード大学経営大学院で長年学生に教えていたので、生々しい体験とともに「10Xの変化」の見極め方と行動の選び方を体系的にみごとにまとめている。1996年に書かれた本だが、本質的な内容で古さを感じさせない素晴らしい本である。グローブ氏が遺したこの名著がみなさんの助けになれば幸いだ。

目次

第8章 カオスの手綱をとる……175

序章

パラノイアだけが生き残る

ONLY THE PARANOID SURVIVE

遅かれ早かれ、あなたのビジネス周辺に根本的な変化が訪れる。

Sooner or later, something fundamental in your business world will change.

「パラノイア（病的なまでの心配症）だけが生き残る」。これは私のモットーとしてよく取り上げられることばだ。初めてこのことばを口にしたのがいつだったかは覚えていないが、ビジネスの世界において、パラノイアでいることには十分な価値があると私は信じている。事業の成功の陰には、必ず崩壊の種が存在する。成功すればするほどその事業のうま味を味わおうとする人びとが群がり、次々に食い荒らし、そして最後には何も残らない。だからこそ、経営者の最も重要な責務は、常に外部からの攻撃に備えることであり、そうした防御の姿勢を自分の部下に繰り返し教え込むことだと思う。

私がパラノイアのように神経質になってしまうことはいろいろとある。製品に問題がないか、発売時期を誤ったのではないか、工場は計画通り稼働しているか、工場の数が多すぎはしないか、適任者を採用しているか、士気が落ちていないか——。

そしてもちろん、競合企業の動きも気にかかる。われわれと同じ仕事をよりよく、より安く行う方法を見つけてはいないか、顧客を奪われるのではないか、などである。

しかし、こうした懸念も、私が戦略転換点と呼んでいるものに比べれば大したことはない。

詳しくは後で述べるが、戦略転換点とは、企業の生涯において根本的な変化が起こるタイミングである。その変化は、企業が新たなレベルへとステップアップするチャンスであるかもしれないし、終焉に向けての第一歩ということも多分にありうる。

戦略転換点は技術的変化によってもたらされることがあるが、通常の技術革新よりも深刻な事態を招く。また、競合企業によってもたらされる場合もあるが、単なる競争にはとどまらない。戦略転換点は事業のあり方を全面的に変えてしまうので、それまでのように新技術を導入するとか、競合との争いを激化させるといった方策だけでは十分対応できないのだ。変化をもたらす力は音もなく静かに蓄積していくため、何がどう変わったのかは見えにくい。ただ、「何かが変わった」ということだけがわかるのである。

回りくどい言い方はやめよう。戦略転換点を見過ごすことは、企業にとって命取りになりかねないのだ。この変化の結果衰退しはじめた企業は、まず、かつての栄光を取り戻すことはできないのだ。

しかし、戦略転換点が常に災いをもたらすとは限らない。事業の手法が変化すれば、新しい方法に精通している者にはチャンスが生まれる。新規参入企業であろうと既存企業であろうと同じことだ。これらの企業にとって戦略転換点は、新たなる成長への好機となるかもしれないのである。

戦略転換点の影響を受ける側になることもあれば、それを生み出す側に回ることもありうる。私の働くインテルの場合、その双方の立場を経験した。１９８０年代半ばに、日本の半導体メーカーがわれわれに戦略転換点をもたらした。彼らの圧倒的な力のため、われわれはメモリーから撤退し、まだ比較的新しい分野だったマイクロプロセッサーに進出せざるを得なくなった。

われわれが全力を傾けたマイクロプロセッサーは、今度は他社に転換点をもたらす要因になった。それまで主役だったメインフレーム・コンピューター産業が苦難の時代を迎えることになったのである。戦略転換点によって影響を受ける側と、戦略転換点をもたらす側の両方を経験して確信したのは、前者のほうがより厳しい状況に置かれるということである。

私は一貫してハイテク産業を歩んできた。経験のほとんどはハイテク分野のものだ。ものを考えるときも、技術的な概念やたとえで考えてしまう。本書に出てくる数多くの例も、私のそんな背景が影響している。しかし、技術面が引きがねとなって戦略転換点が生じることは確かに多いのだが、これは決してハイテク産業に限った話ではないということをここで明言しておきたい。

ATM（現金自動預入・支払機）の登場が銀行業務を変えたという事実がある。手頃な価格のコンピューターがネットワーク化されて医師の診断や診察に導入されれば、医療のあり方も変わるかもしれない。あらゆるジャンルのエンタテインメントがデジタルの世界でつくられ、保存され、配信され、表示されるということになれば、メディア産業全体が変わるだろう。要するに戦略転換点とは、ハイテク産業であろうがなかろうが、いかなる産業にも起こりうる事業基盤の変化なのだ。

今、われわれが生きている時代は、技術革新がこれまでにないスピードで進み、すべての産業を揺り動かしている。その変化の速さは、職業を問わずあなたにも影響を与えるだろうし、思いもよらないところから、新しい手法を使った新たな競争をもたらす。

住んでいる場所も関係ない。これまでは、距離が離れているということが、自分と地球の裏側で働く人びとを引き離してきた。しかし今やテクノロジーがこの距離を日に日に縮めている。世界中の誰もが、まるで同じフロアにいる同僚のように、今まさに一緒に仕事をしたり、あるいは競合したりしようとしているのだ。技術革新がはじまれば、遅かれ早かれ、あなたの業界に根本的な変化が起こるのである。

では、このような発展は建設的な作用なのか、それとも破壊的な作用なのか。私にいわせればその両方であり、避けて通ることはできない。テクノロジーの分野では、〝可能な〟ことはいつの日か必ず〝実現〟される。われわれはこの変化をくい止めることもできなければ、そこから逃げ出すこともできない。できることは、その変化に万全の構えで備えることなのである。

戦略転換点への対処から得られる教訓は、会社経営においても個人のキャリア構築においても同じように当てはまる。

経営者であれば、どんなに詳細な事業計画をもってしても変化を予測することは不可能だと認識しなくてはならない。しかし、だからといって事業計画が必要ないわけではない。〝消防署の事業計画〟とでもいうべきものが必要なのである。つまり、次の火災がどこで発生するかは予測不可能だから、不測の事態に対しても通常の業務と同じように対応できるだけの、精力的かつ効率的なチームを編成しなければならないということだ。戦略転換点がどういうものなのか、またどう対応すべきなのかを把握しておけば、企業の自己防衛に役立つ。会社が誤った方向に進まないように軌道修正し、新しい秩序の下で繁栄するよう導いていくのは経営者の責務であり、それができるのはあなたをおいてほかにはいない。

経営者でなくても、いずれ戦略転換点の影響を受ける。産業全体を変え、企業をも飲み込んでしまうような地殻大変動が起きたら、あなたの職がどうなるかは誰にもわからない。その職が存続する保証もないが、あなた以外は誰も心配すらしないだろう。

ごく最近まで、大企業に就職すれば退職するまで職は保証されたも同然だと考えられていた。しかし、企業の寿命ですらそれほど長くないこの時代に、どうして終身雇用を保証できるというのだろう。

企業が新しい状況に対応しようと模索しているのは、これまでずっとうまく機能してきた経営手法が、もはや過去のものになりつつあるからだ。終身雇用制の下、さまざまな年齢層の社員を抱えてきた企業が、今や一万人もの社員を路頭に放り出しているのである。

悲しいことに、他人はあなたのキャリアの責任を取ってはくれない。自分のキャリアは、文字通り自分のビジネスなのだ。あなたは自分のキャリアを個人事業主としてとらえるといい。従業員はひとり。あなた自身だ。そして同じ立場にいる世界中の何百万というビジネスパーソンが、あなたの競合相手。キャリアも、スキルも、転職のタイミングも、すべての主導権を握るのは自分自身だということを受け入れる必要がある。あなたのビジネスを損失から守るのも、環境の変化の波にうまく乗って利益を得るのも、すべての責任はあなたにある。他人が代わることなどできないのだ。

インテルの経営に長年携わってきて、私自身、戦略転換点から多くのことを学んだ。戦略転換点について考えることが、競争が激化する中でインテルが生き残っていくための助けとなった。私は技術者であり、経営者である。しかし、自分が解明してきたことをほかの人たちに教え、共有したいと常々強く望んできた。私が学んだ教訓を分かち合いたいと思ってきたのである。

本書は回想録ではない。私は、今も企業経営者としてマネジメントに携わり、日々顧客やパートナーと接し、競合企業の意図を推測することも怠らない。本書を執筆するにあたっては、このような体験の中で観察してきたことをしばしば引用している。しかし、これらの出来事は公にすることを前提に行ったものではなく、インテルと相手企業がお互いのために行った議論である。したがって、当然そのことを考慮しなければならず、やむを得ず一般論に話を置き換えたり、名を伏せたりしたケースも含まれていることをどうかご了承いただきたい。

本書は、ルールの変化がもたらす影響について書かれたものだ。未知の領域で進むべき道を見つけ出す方法についてまとめたものである。私やほかの人びとの体験を通して、激しい変革の波とはどういうものか認識してもらい、それに対処する方法も提示したいと考えている。

前述したように、本書はまた、キャリアについての本でもある。企業が新しい基盤の上に築き上げられるとき、あるいは新しい環境下で再構築されるとき、個人のキャリアは破壊されるか勢いを与えられるかのどちらかだ。この困難の時代に、自分自身のキャリアを積み上げていくためのなんらかのアイデアを読者に提供できればと思っている。

ではさっそく、戦略転換点のまっただ中に降りてみることにしよう。そこでは何かが大きく変わりはじめ、それまでとは何かが違う。しかし皆生き残るのに精一杯で、どれほど重要なことが起こっているかは後になってようやくわかる、そんな時だ。今思い出してもつらいが、わが社の基幹商品であるペンティアム・プロセッサーを見舞った事件を振り返ることにしよう。それは、1994年秋のことだった。

第1章 何かが変わった

SOMETHING CHANGED

新しいルールが敷かれ、われわれは5億ドル近くの損失を被った。

New rules prevailed now—and they were powerful enough to cost us nearly half a billion dollars.

私は、インテルのCEO（最高経営責任者）兼社長を務める傍ら、スタンフォード大学のビジネススクールで戦略経営論を講義している。一緒に教鞭を執っているロバート・バーゲルマン教授と私は、いつも講義が終わると、記憶が鮮明なうちに出席簿に目を通し、学生たちの達成度を評価することにしている。

あれは1994年11月22日、感謝祭2日前の火曜日の朝だった。その日は、学生の評価をするのにいつもより時間がかかっていたため、会社に電話をかけようと席を立った。ちょうどそのとき、電話が鳴った。会社からだった。コミュニケーション部門の責任者が私と連絡を取りたがっているという、それも緊急に。CNNの取材班がインテルに向かっていることを私に伝えようとしていたのだ。CNNが、ペンティアム・プロセッサーの浮動小数点演算に欠陥があるという噂を聞きつけたのだ。まさにニュースに火がついたところだったのである。

しかしまずは、それまでの経緯からはじめなければなるまい。最初に、インテルという会社を簡単に説明しよう。1994年当時のインテルは、売上高が100億ドルを超える世界最大の半導体メーカーだった。創業から26年、メモリーとマイクロプロセッサーという現代のハイテク産業を支える2つの重要な基幹商品で先陣を切ってきた。1994年には、マイクロプロセッサーが事業の大部分を占め、しかも非常に好調だった。会社は大きな利益を上げ、年率約

30パーセントの割合で成長していたのである[1]。

1994年は別の意味でもわれわれにとって特別な年だった。最新鋭マイクロプロセッサー、ペンティアムの本格生産をはじめた年なのだ。これは、われわれが直接取引をする何百社という顧客、つまりコンピューター・メーカーをも巻き込んだ大事業だった。メーカーによってはこの新しい技術を熱心に応援してくれたが、もちろん快く思わないメーカーもあった。それでもわれわれはペンティアムにすべてを賭け、コンピューター・ユーザーの目を引きつけるために大規模な宣伝を展開していった。社内では、世界各地にある4つの工場で生産を増強し、このプロジェクトは「ジョブ1」と呼ばれ、社員の誰もが最優先のプロジェクトだと認識していた。

こうした状況の中で、ある厄介な出来事が起こった。CNNが取材に来る数週間前のことだ。インテルの製品に興味を持つ人びとが集まるインターネット上のフォーラムで、わが社の社員が一連の書き込みを見つけた。そのコメントには、「ペンティアムのFPUにバグ」というような見出しがついていた（FPUとは浮動小数点ユニットのことで、高速演算処理に使われる）[2]。ある数学教授が、ペンティアムの演算能力に疑問があると書いたのがきっかけだった。この教授は、複雑な数式を解いているときに一度、割り算の間違いに出くわしたと述べていた。

この欠陥は、われわれもすでに数カ月前に発見し、承知していたことだった。わずかな設計ミスによるもので、割り算を続けると90億回に一回の確率で誤った答えを出すものだった。初めは、われわれもこの問題を非常に懸念し、90億分の一ということが一体どういう意味を持つのかを把握するために大がかりな調査を行った。しかし、結果を聞いて胸をなでおろした。表計算を使う一般的なユーザーであれば、2万7000年間計算をして一回間違うかどうかという結果だったからだ。長い年月だ。半導体の問題として通常見つかる欠陥の発生率と比較してもはるかに低いものだ。そこで、われわれは欠陥を修正してテストしていく一方、在庫品もそのまま出荷し続けたのである。

そうこうするうちに、インターネット上の議論が業界誌の記者の目にとまり、ある週刊の業界誌がトップで詳細な記事を掲載した。内容は極めて正確だった。翌週には、扱いこそやや小さかったがほかの業界紙も取り上げた。しかしその時点では、われわれはこの程度で済むだろうと思っていた。感謝祭の前々日、あの火曜日の朝が来るまでは。

その日、CNNがわれわれのところへ取材に現れた。彼らはすでにかなり興奮していて、まずプロデューサーがわが社の広報担当と事前打ち合わせをはじめたのだが、その口調は攻撃的で非難めいていた。コミュニケーション担当者から電話で聞く限り、事態は相当まずいことになっているようだった。書類をまとめ、オフィスに戻った。事実、状況はよくなかった。翌日、CNNは不愉快な内容のニュースを流したのである。

それから数日のうちに、あらゆる主要紙がこの問題を報道しはじめた。「傷ものペンティアム、精度に疑問」というものから「ペンティアムの命題、買うべきか買わざるべきか」というものまで、いろいろな見出しが紙面に踊ったのである。テレビリポーターたちが本社前に陣取り、インターネットではこの件に関するメッセージが飛び交った。まるでアメリカ中がこの問題にくぎ付けになっているかのようだった。そして、すぐに諸外国からも注目されるようになった。

ユーザーからは、欠陥ペンティアムの交換を要求する電話がかかりはじめた。交換するかどうかは、どの程度問題があるかをわれわれが評価してから決める、というのが当時わが社の採っていた方針だった。そのため、割り算を頻繁に行いそうなユーザーのプロセッサーは交換した。それ以外のユーザーには、われわれの調査や分析の結果を詳細に説明して心配ないと説得し、この件についての報告書を送付したりもした。一週間ほど経った頃には、この二面作戦で乗り切れるかに思われた。かかってくる電話の本数も減り、われわれも交換手続きを円滑に行えるよう努力した。メディアは相変らずわれわれを責め立ててはいたが、パソコンの販売台数や交換要求件数などのデータは、われわれがこの問題をなんとか切り抜けつつあることを示していた。

ところが12月12日月曜日の朝8時、オフィスに入ると、いつもは電話のメッセージが置かれている小さなクリップに一枚の折りたたまれた紙が挟まれていた。通信社の配信記事だった。ニュース速報にありがちな見出しだけの記事で、そこにはこう書かれていた。「IBM、ペンティアム搭載機を全面出荷停止」

またしても地獄に突き落とされてしまった。IBMがどう動くかは重大な意味を持つ。なぜなら、天下のIBMだからだ。確かにここ数年、IBMはかつてのようにパソコン業界に君臨しているわけではないが、ＩＢＭが「ＩＢＭ ＰＣ」を開発し、インテルのマイクロプロセッサーを採用してくれたからこそ、ここまで抜きん出た存在になれたのである。ＰＣ誕生から13年間、ＩＢＭは業界で最も重要な役割を果たしてきた。だからこそ、ＩＢＭが動けば注目を集めるのだ。

オフィス中の電話が狂ったように鳴り響き、ホットラインにかかってくる電話の件数は急増した。ＩＢＭ以外の顧客は、いったい何が起こっているのかを知りたがった。前の週までに落ち着きはじめていた顧客の口調は、再び困惑と不安に満ちたものになった。われわれは、再び防御する側に大きく押し戻されてしまったのである。

この問題の処理にあたったのは、ほとんどがインテルに入社して10年めくらいの社員だった。彼らの知るインテルは、着実に成長を続ける企業だった。一生懸命働き、一歩一歩前に進めば、必ず良い結果が出るということを体験してきた者たちだ。それが今や、突然、成功を予測するどころか、目の前のことさえ予測できなくなったのだ。必死に対応する社員たちは不安を拭えず、恐怖さえ感じるようになっていた。

また、この問題には別の側面もあった。仕事場だけでは収まらなかったのだ。社員たちは家に帰ると家族や友人たちから、時にはとげのある、時には訝しげな、時には「いったい、あなたたちは何をしているのだ。テレビで見たが、あんたの会社は貪欲で傲慢なんだそうだな」と言わんばかりの視線に耐えなければならなかった。それまで、インテルで働いているといえば良い印象しか持たれたことのなかった社員が、嫌みな冗談を聞かされるようになったのである。

「数学者とペンティアムを掛けると何になる。答えは狂った科学者さ」というような。しかもこの事態から逃れる術はなかった。家族の夕食の席でも、パーティの席でも、いつも話題の種になった。このような変化は、社員たちにとってはつらいものだった。まして、翌朝もまたホットラインに応対したり、生産ラインに向かわねばならないとしたら、気を取り直すどころではなかったのだ。

私にしても、いい気分ではいられなかった。この業界に入って30年間、インテルには創業から関わってきた。その間、仕事で非常に困難な局面もあったが、なんとか生き残ってきた。しかし今回は違っていた。これまでに経験してきたものよりもはるかに厳しい状況だった。実際、どの局面と比べてみても、過去の事例とは共通点がなかった。まったく未知の荒野を進むようなものだった。日中は無我夢中で働いているが、家路につくと途端に気分が滅入った。私は、われわれが見えない敵に包囲され、集中砲火を浴びている気分だった。なぜ、こんなことになってしまったのだろうか。

会議室528号、私の部屋から6メートルのところにあるこの部屋がインテルの作戦指令室になった。部屋には、12人ほどが掛けられる楕円形のテーブルがあったが、一日に何度も30人以上の人間でごったがえした。ある者はファイルキャビネットに腰掛け、ある者は壁に寄りかかり、人の出入りも多かった。最前線からの連絡メモを持ってくる者もいれば、合意に至った一連の対応策を実行するために出て行く者もいた。

押し寄せてくる世論と戦い、電話や、誹謗中傷を書きたてる記事への対応に追われる日々が続いた。次第に、われわれが大幅な方針転換をせざるを得ないことが明らかになってきた。翌週の月曜日、すなわち12月19日、われわれはそれまでの方針を180度変えたのである。統計分析をしていようが、ゲームで遊んでいようが、ユーザーの要求があればすべての交換に応じることにしたのである。これは大変な決断だった。すでに数百万個のチップを出荷していたが、そのうちのどれくらいが返品されてくるのか、推測することすら不可能だった。わずかかもしれないし、全部かもしれなかった。

早速、殺到する電話に応えるための体制を、わずか数日で実質ゼロから作り上げた。消費者との直接取引をしてこなかったわれわれは、ユーザーの質問にじかに応対した経験はまったくなかった。それが突然、来る日も来る日も、しかもかなりの規模に対応しなければならなくなったのだ。スタッフは当初、さまざまな部署の有志からなっていた。設計者、マーケティング担当者、ソフトウェア技術者などだ。彼らは自分の仕事を中断して間に合わせの机に向かい、電話を受け、ユーザーの名前と住所を記録した。われわれは大量のチップを交換するという仕事を組織的に管理できるようにしていった。回収・交換する大量のチップを追跡するロジスティックス・システムを開発し、自分でチップを交換したくないというユーザーのために交換部隊のネットワークまで作った。

浮動小数点ユニットの欠陥のほうは、判明したその年の夏の間に即座に修正され、新たな問題がないかどうかのチェックも徹底的に行われていた。そのため、こうした事態になったときには、すでに新しいチップの生産体制が整っていた。われわれは例年のクリスマス休暇を返上して工場を稼働させ、全チップの交換を急ぐのと同時に古いチップを生産ラインから引き上げ、すべて廃棄した。

最終的に、わが社は巨額の損失を出さざるを得なくなった。その額は4億7500万ドル。交換する新チップと廃棄した古いチップを合算した金額である。実に、年間の研究開発費の半分、ペンティアムの広告費5年分にあたる金額だった。

このとき以来、われわれは仕事への取り組み方を全面的に切り替えたのである。

いったい何が起きたのか。とてつもなく大きく、今までと違う、予想不可能なことだ。

この26年間、毎日仕事をする中で、自分たちの製造した製品の良し悪しを決めるのは、自分たちだった。品質基準も仕様も自分たちで決め、製品が基準に達しているとわれわれが判断したときに製品を出荷してきた。つまり、製品を設計したのも考えたのもわれわれであり、その製品の良し悪しを決める暗黙の権利——義務も——、がわれわれにはあった。誰ひとりとして、その権利がわれわれにあるかどうかを疑問視したことはなかったし、それでおおむねうまくいっていた。26年間、われわれは業界標準となるような製品を次々と開発してきた。DRAMやほかのタイプのメモリー、マイクロプロセッサー、マイコンなどである。われわれの製品は、デジタル・エレクトロニクスの基盤となっていったのだ。ところが、突然、あらゆる方面から「いつからユーザーに何がいいかなんて言える身分になったんだ」とでも言わんばかりの視線を向けられるようになったのだ。

そのうえ、われわれがマイクロプロセッサーを販売してきた相手は、コンピューター・ユーザーではなく、コンピューター・メーカーだったから、過去に起こったどんなトラブルの際にも、メーカーを相手に、すなわち技術者対技術者で、会議室で黒板を使ってデータ分析をして解決すればよかったのだ。それが突然、2万5000人ものユーザーが毎日電話をかけてきては、「新しい部品に換えてくれ」と言う。気がついたときには、何ひとつわが社から直接買っていないのに、わが社に対して激怒している人々への対応に追われることになっていた。

最も受け入れ難かったのは、外から見たわが社のイメージだった。私はこの時もまだ、インテルは創造的で活力あふれる、スタートしたばかりのベンチャーで、ほかの同様の企業より少し大きくなった程度の小回りのきく企業だと考えていた。社員は個人の利益より会社の利益を優先していたし、問題が起これば あらゆる部署の社員が、誰からも指示されないうちに駆け回り、問題解決のために膨大な時間を費やした。しかし、世間はわが社をいわゆるマンモス企業とみなしていたのだ。世間は、大企業が人びとを欺こうとしていると見ていたのである。外からのイメージと私がわが社に対して持っていたイメージとは、食い違っていた。

一体何が起こったのか。なぜ今なのか。今回は今までとはどこが違うのか。確かに何かが違っていたのだが、これら一連の出来事が進行している最中には、その正体を知ることは非常に困難だった。

われわれに何が起きたのか

一年ほど経って振り返ってみると、長期にわたり2つの大きな力がわれわれに作用していたことがわかる。その力が、マイクロプロセッサーの浮動小数点ユニットのわずかな欠陥を、ほんの6週間もたたないうちに5億ドルもの損害をもたらすような状況に膨れ上がらせたのである。

第一に、製品に対する一般の認識を変えようとするわれわれ自身の試みがあった。事件の数年前、われわれは大々的な販売促進キャンペーン「intel inside」を開始していた。これは業界初の大規模キャンペーンで、消費者向けの大規模キャンペーンと肩を並べるほどの大成功を収めた。このキャンペーンの狙いは、コンピューター・ユーザーに、コンピューターの中に入っているマイクロプロセッサーこそが、コンピューターそのものであるということを知ってもらうことだった。

優れた商品キャンペーンが皆そうであるように、これも真実を強調することが最大の武器になった。実際、このキャンペーン以前でも、どんなコンピューターを使っているかと聞かれると「私は386」などと答える人も多かった。386とはコンピューターに入っているマイクロプロセッサーで、人々はそのマイクロプロセッサーの名称を答えてから、コンピューターのメーカー名、ソフトウェアの種類などと続けたものだ。ユーザーは直感的に、中に入っているマイクロプロセッサーが、コンピューターの種類と処理能力を決めるものだということを知っていたのだ。これは明らかにわれわれにとって好都合だった。差別化され、アイデンティティを持って、ユーザーの人たちにわが社とその製品を意識してもらうのに役立ったからである。

キャンペーンの目的は、より広い消費者層、将来の購買者層にこの点を強調することだった。よく目立つロゴマークを作り、当社のマイクロプロセッサーを採用しているメーカーの協力のもと、彼らの宣伝に「intel inside」のロゴを表示してもらったり、実際にコンピューターにステッカーを貼ってもらったりした。国内外を問わず、数百ものメーカーがこのキャンペーンに参加した。

われわれはこのブランドのプロモーションに巨費を投じた。「intel inside」と書かれた看板を世界中に掲げ、ＴＶのＣＭも各言語で流した。中国では、「intel inside」と書かれた自転車につける反射板を何千枚も配ったりした。われわれの調査では、１９９４年には「intel inside」のロゴがコカ・コーラやナイキと並んで消費者向け製品の中で最も認知されたロゴになっていた。そういうわけで、基幹商品であるペンティアムに問題が生じたとき、われわれの広告戦略がユーザーをわが社に直接差し向けてしまったのだ。

大混乱の条件を生み出した2つめの要因は、わが社の急成長だ。数年間で、わが社は世界最大の半導体メーカーになっていた。わずか数年前までは、自分たちと比べてとてつもなく巨大に思えたアメリカの大手メーカーを凌駕するような存在になっていたのだ。ほんの10年前に、われわれを半導体産業から蹴落とさんばかりの勢いで脅威となっていた日本の主要メーカーをも凌駕するようになっていた（詳しくは第5章参照）。しかも、わが社は成長を続けていた。

それも大部分の大企業よりも速いペースで。わが社は、おおかたの顧客企業よりも大きくなっていた。インテル創業の頃には途方もない大会社と思っていた企業を追い越していたのだ。いつのまにか子供が父親を見下ろすように、規模が逆転してしまっていたのである。

この変化は10年間という比較的短い時間で起こった。会社の規模については、取引相手が表す敬意の度合いからうすうす気づいてはいたのだが、誰もそれについて議論することはなかった。それは静かに忍び寄り、突然、現実のものになったのである。

大企業として強いアイデンティティを持つようになったわれわれは、今まで体験したことのない不快な現実と格闘していた。ユーザーから見れば、わが社は巨大企業になっていたのだが、残念なことに、大事件が起きて初めて、われわれはそのことに気づいたのである。

こうした変化は徐々に生じ、時が経つにつれて非常に大きな変化となった。もはや、今までのルールは通用しなくなっていた。新しいルールが敷かれ、われわれは5億ドル近くの損失を余儀なくされた。

問題だったのは、ルールが変わったことに気づかなかったということだけではない。さらに悪いことに、われわれはどんなルールに従えばいいのかもわからなかったということだ。

この件が起きる以前は、わが社はコンピューター・メーカーの要求に十分に応えてきたし、知るかぎりの方法を尽くして製品の品質を保ってもきた。コンピューター・メーカーの技術者にも、ユーザーにも、製品に関するマーケティングを行ってきた。優れたベンチャー企業同様、迅速かつ機敏に動き、懸命に働いた。その見返りとして、すべてが順調に推移していたのだ。

しかし、突如として、それだけでは不十分だということになったのである。

ここでわが社が経験した一連の出来事は、多くの企業にも起こりうることだ。企業は、数ある暗黙のルールによって経営されているが、そのルールは時として変化するものである。それも大幅に変わることがよくあるのだ。しかし、ルールが変わったことを告げる警告などは存在しない。わが社になんの前触れもなく忍び寄ったように、あなたの企業にも忍び寄るものなのだ。

わかるのは、何かが変わったということだけ。大きくて重大な何かが変わったということだけで、それが何であるのか、明確にはわからない。

それは風向きが変わりはじめたときのヨットの操縦と似ている。たとえば、たまたま船室にもぐっていたために風が変化したことに気づかず、船が傾いて初めて風向きの変化を知るようなものなのだ。今までのやり方は通用しない。トラブルになる前に、ヨットの方向を変えなければならないのだが、ヨットの姿勢を正し、新しいコースを取るには、新しい方向と風の力をまず感じ取らなければならない。そして難しいことだが、このような時こそ、断固とした明確な行動が求められるのである。

こうした現象は、どこでも共通である。ビジネスとは、ほかのビジネスに変化をもたらすものであるし、競争も変化を作り出す。もちろん、技術も変化をもたらすし、規制の導入や撤廃によっても大きな変化が起きる。その変化は一企業だけに影響することもあれば、産業全体に及ぶこともある。したがって、風向きが変わったことを察知し、船を壊さないよう適切に対処する能力こそが、企業の将来には不可欠なのである。

「あの人が知るのはいつも最後」

ペンティアムの事件から3カ月後、マイクロソフトの新しいOS（基本ソフト）であるウィンドウズ95の発売が延期された。アップルの新しいOS、コープランドの発売も遅れていた。長い間解決されなかったウィンドウズの計算ソフトやマッキントッシュ用のワープロソフトのバグも業界紙で大きく取り上げられた[3]。ディズニーのCD－ROMゲーム「ライオン・キング」や、イントゥイットの納税申告ソフトが抱える問題も一般紙で報じられるにいたった。何かが変わっていた。インテルだけでなく、ハイテク業界全体にとって何かが変わったのである。

この種の変化が、ハイテク産業特有の現象であるとは思わない。新聞を読めば、あらゆる業種の例を見ることができる。メディア業界から、通信、金融、医療など、どの業界でも、投資、買収、償却といった激しい動きがあり、それがその業界で「何かが変わった」ことを示唆している。こうした変化の多くにはなんらかの形でテクノロジーが関係しているが、それはテクノロジーが、業界の秩序を変えるほどの力を企業に与えているからだ。

もしあなたがそういった業界での中間管理職ならば、会社全体が、あるいは上司が気づくよりも早く、風向きの変化を肌で感じるかもしれない。特に外部と接触する機会のある人、営業部隊などは、いち早く実感しているだろう。今まで機能していた方法では通用しない、つまりルールが変わったということを。しかし、彼らは通常、それを上司にうまく説明できない。そのため幹部が世の中の変化に気づくのが遅くなり、経営トップは、最後になるということもよくあることだ。

例を挙げよう。最近のことである。私は、部下から、すでに取引のある、ある会社から最近鳴り物入りで発売された新ソフトの評価報告を受けた。情報技術責任者は、この新しいソフトを試したところ思わぬ障害が起きたので、次世代版が開発されるまで購入を待とうと考えている、と言う。マーケティング責任者も、他社での同様の状況を耳にしていた。

私は、すぐにそのソフト会社のCEOに電話して聞いたことを伝え、こう尋ねた。「戦略を変更して、直接次世代版に移行するつもりはあるのかね」。彼は「ありえない」と答えた。戦略面に問題があるなどとは誰からも聞いておらず、今まで通りに進んでいこうとしていたのである。

私にこの報告をした2人に相手の言い分を伝えると、そのうちのひとり、情報技術責任者がこう言った。「そうでしょうね。あの人が知るのはいつも最後だから」。その会社のCEOは(ほかの会社のCEOも似たり寄ったりだが)、要塞のような宮殿の奥に座っている。だから外からの情報は、実際に動きがある最前線から何重もの人の層を通るうちに濾過(ろか)されてしまうのである。わが社の場合は、情報技術責任者がまさに最前線にいるし、マーケティング責任者も最前線で丁々発止とやっているのだ。

とはいえ私もまた、ペンティアム事件の本当の意味を、最後に理解したひとりだった。何かが変わったことに気づき、新しい環境に適応しなければならないと理解するまでには、容赦ない批判の集中砲火が必要だったのである。われわれは、やり方をすっかり見直し、いまやわが社の名前が一般家庭でも知られており、巨大な消費財メーカーになったという事実を受け入れられるようになった。もしそれまでのやり方に固執していたら、新しい顧客関係を育むチャンスを失うばかりか、会社の評判や経営にダメージを受ける可能性すらあったのである。

教訓として残るのは、われわれは誰でも変化という風に自分自身をさらさねばならないということだ。顧客に対して自分たちをさらしていかなければならないのである。わが社についてきてくれる顧客にも、過去に執着していたら失うことになるかもしれない顧客にも。また、管理職でない従業員に対しても胸襟を開かなくてはならない。促しさえすれば、彼らはわれわれが知っておかねばならない多くのことを教えてくれる。さらに、われわれを常に評価し、批判しているジャーナリストや金融関係の人たちの意見にも積極的に耳を傾ける必要がある。時には立場を換えて、競合企業のことや業界の傾向、彼らから見てわれわれが最も懸念しているはずのことを尋ねてみるといい。生の現場に身を置けば、われわれの感覚や直感は再び急速に砥ぎ澄まされることだろう。

第2章
「10X」の変化
A "10X" Change

移行期のビジネスへの影響は深刻で、その時のマネジメントいかんで企業の将来が決まる。

What such a transition does to a business is profound and how the business manages this transition determines its future.

われわれ経営者は変化について話したがる。あまりにも頻繁にそのことを口にするので、変化を受け入れることが会社経営の常套手段のようになってしまった。しかし、戦略転換点は単なる変化とは異なる。たとえていうなら、普通の川と激流ほどの違いがある。戦略転換点は激しく荒れ狂う急流で、激流下りのプロといえども慎重にならざるを得ないような川なのだ。

この戦略転換点のまっただ中にいるということが、一体どういうことなのかは前章で記した。ここでは少しさかのぼって、何が戦略転換点をもたらすのかを分析してみよう。

ビジネスに影響を与える6つの力

企業の競争力を分析する場合、そのほとんどは変化のない状況下でのものだ。ある一時点において企業に影響を及ぼす複数の力を描き出し、それらの力がどう作用して、企業の望ましい、あるいは望ましくない状況を作り出すのかを説明するものだ。しかし、力のバランスに大きな変化が起きている場合には、この手の分析はあまり役に立たない。力のひとつが、たとえば10倍もの規模に増幅されたとすれば、従来の競争力の分析では企業がどう動くかを理解するなんの助けにもならないのである。

とはいえ、これらの分析は企業に影響を与える要因について的確に解説している。まず、従来の競争戦略分析を、ハーバード大学のマイケル・ポーター教授の研究に基づいて手短に説明しよう[1]。ポーター教授は、企業の競争力を決定するさまざまな力を定義してきた。ビジネスマンや経営学を学ぶ者は、長年、これらの力の概念を使って企業の競争力を考えるように教えられているので、そこから話をはじめたいと思う。ポーター教授は、企業の競争状態を決定する力を、5つ定義している。それを私なりにまとめると、次のようになる。

■既存の競合企業の体力・活力・能力――競合企業は多数あるか。彼らに資金力はあるか。明らかに自分と同じ市場を狙っているか。

■供給業者の体力・活力・能力――供給業者は多数あり、自分たちの選択肢は豊富にあるか。それとも少数で、彼らに生命線を握られているのか。供給業者は野心的で貪欲か。それとも保守的で、自分たちの顧客に対して長期的な視点で対応しようとしているのか。

■顧客の体力・活力・能力――顧客の数は多いか。それとも、1、2社の有力顧客に依存しているのか。顧客自身が熾烈な競争にさらされているため、こちらにも厳しい要求をしてくるのか。それとも、「紳士的」な取引をする顧客なのか。

■潜在的競合企業の体力・活力・能力――これらの競合企業は、今のところは市場に参入していないが、今後、状況が変化すれば参入してくることもありうる。その場合、既存の競合企業よりも強大で、有能で、資金力もあり、攻撃的である可能性が高い。

■生産やサービス提供の方法が変わる可能性――これは「代替」と呼ばれているが、これらの力の中でも最も競争を左右する要因だと思う。新しいテクニック、新しいアプローチ、新しいテクノロジーは、古い秩序を揺るがす可能性がある。それらは新しいルールを生み、産業の置かれている環境をまったく新しいものに変えることができる。トラックや航空機によって鉄道輸送がどう変化したか、コンテナ船が旧式の港にどう影響したか、大型店舗の台頭で小規模店舗はどうなったか、マイクロプロセッサーはどのようにコンピューターを変え続けているか、デジタルメディアがこれからの娯楽産業をどう変化させるか、といった例が挙げられる。

最近の競争理論では、以上に加えて新たな6番めの力に注目が集まるようになった[2]。それは「補完関係にある企業の力」である。補完関係にある企業とは、顧客が自社製品と一緒に買っていく、補完関係にある製品を生産している企業のことだ。どの企業の製品も、他社の製品と合わせて使うからよりよく機能するし、場合によっては他社の製品と合わせてしか使えないものもある。たとえば、ガソリン自動車はガソリンがなければ走らないし、ガソリンは車が

図2-1 企業の競争力を決定する6つの力

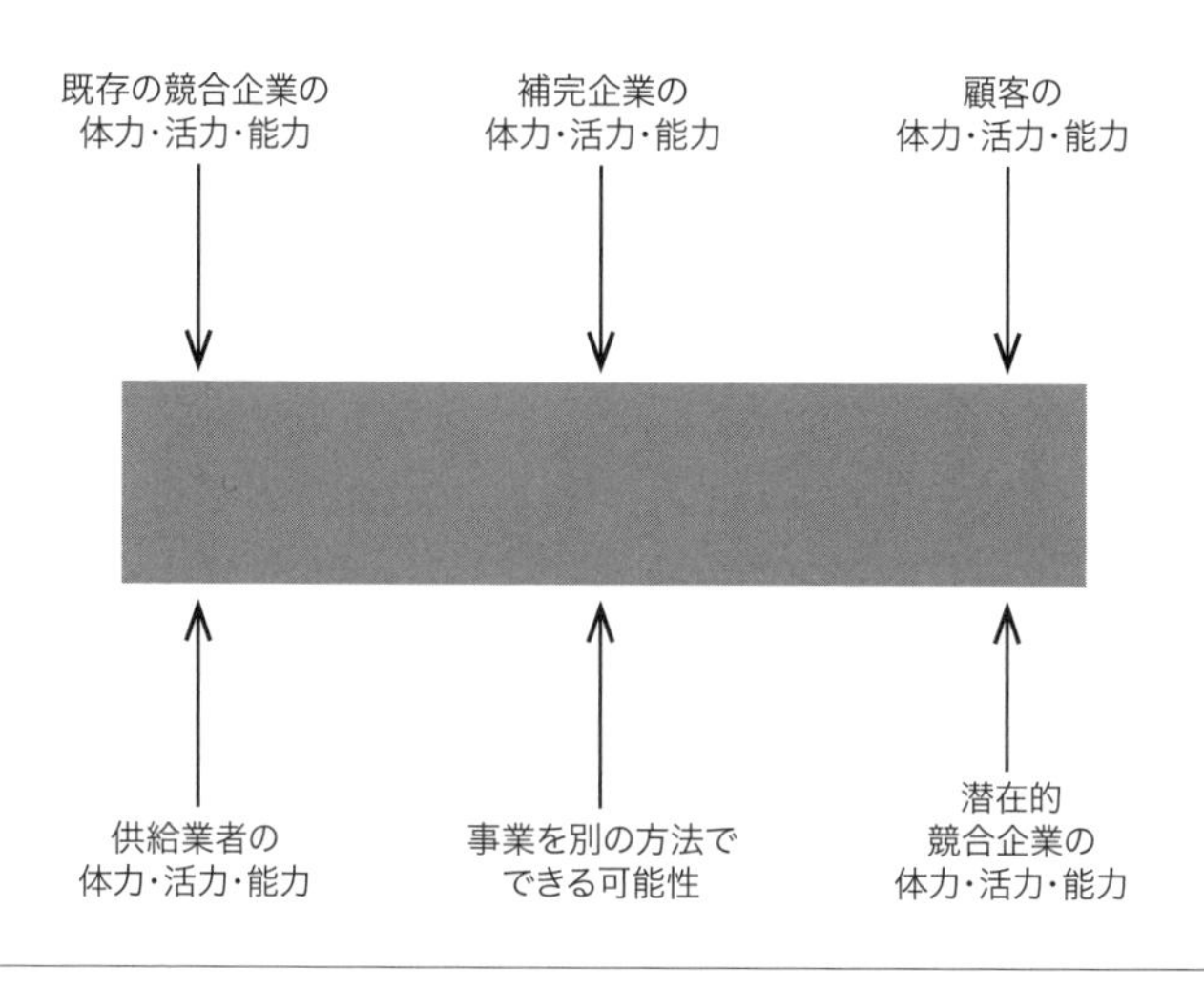

なければ売れない。コンピューターはソフトウェアがなければ動かないし、ソフトウェアはコンピューターがなければ売れない、ということである。

すなわち補完企業とは、利害が共通し、同じ道を歩んでいる企業、「旅仲間」なのだ。お互いの利害が一致している間は、相互に支え合う関係にある。ところが、新しいテクニック、新しいアプローチ、新しいテクノロジーが古い秩序を揺るがすようになると、補完企業との相関関係が変化し、仲間と袂（たもと）を分かつことになるのかもしれないのである。

6つの力を図に表すと図2-1のようになる。

「10X」の力

事業基盤の要素に変化が起き、それが桁違いの規模になっていくと、予測はことごとく裏切られることになる。風がやがて台風となり、波がやがて高波となるように、ひとつの競争要因はやがて熾烈な競争を生む力へと変わる。私は、6つの力のいずれかひとつが大きく変化することを「10X」の変化と呼んでいる。要するに、力の大きさがそれまでの10倍になった状態をいう。図2-2で示そう。

企業が図2-1の状態から、図2-2の状態へと移行するときに直面する変化は巨大なものである。そのような「10X」の力に遭遇すると、もはや自分の運命をコントロールできなくなる。企業にとって未経験のことばかりが起こり、そうなると従来の方法ではとても対応しきれない。まさに「何かが変わった」という状況なのである。

「10X」の力に直面している企業を経営することは至難の技だ。今まで通りの経営をしても、企業が思うように進むことはない。経営者はコントロールを失い、それを取り戻す方法もわからなくなる。やがて業界は新しい秩序を取り戻すことになり、その時点では、強くなっている企業もあれば、弱くなっている企業も出てくる。いずれにせよ、図2-3に示したこの移行期間は、混乱が激しく極めて不安定な時期なのである。

事業がこうした移行期にあったとしても、警鐘を鳴らしてくれる人は誰もいない。ことはゆっくりと、しかも着実に進行していく。力が大きくなるにつれて、事業の性質も変わっていく。

図2-2　6つの力のうち、ひとつが10倍になった状態

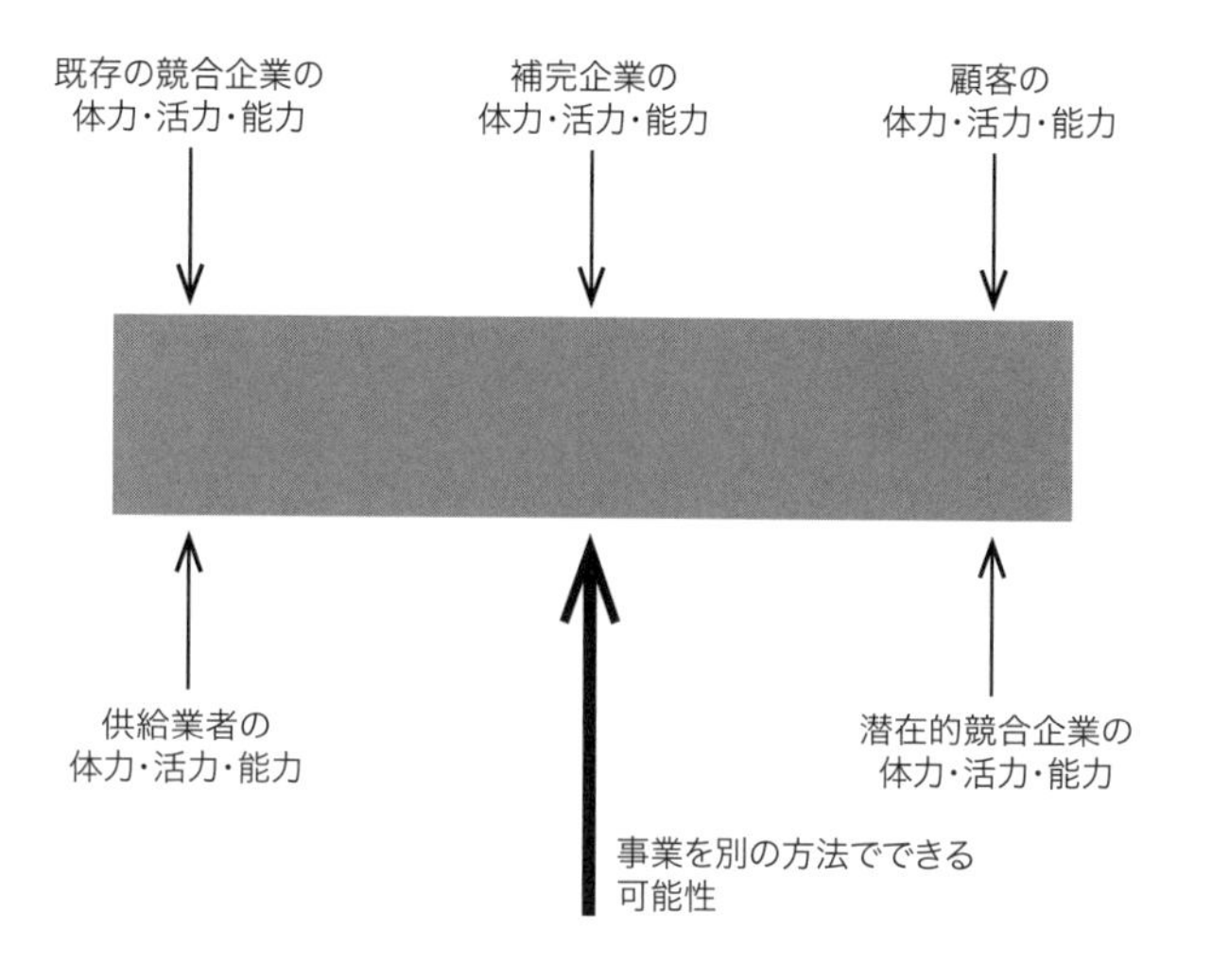

図2-3　10Xの力が生まれるまでの移行期

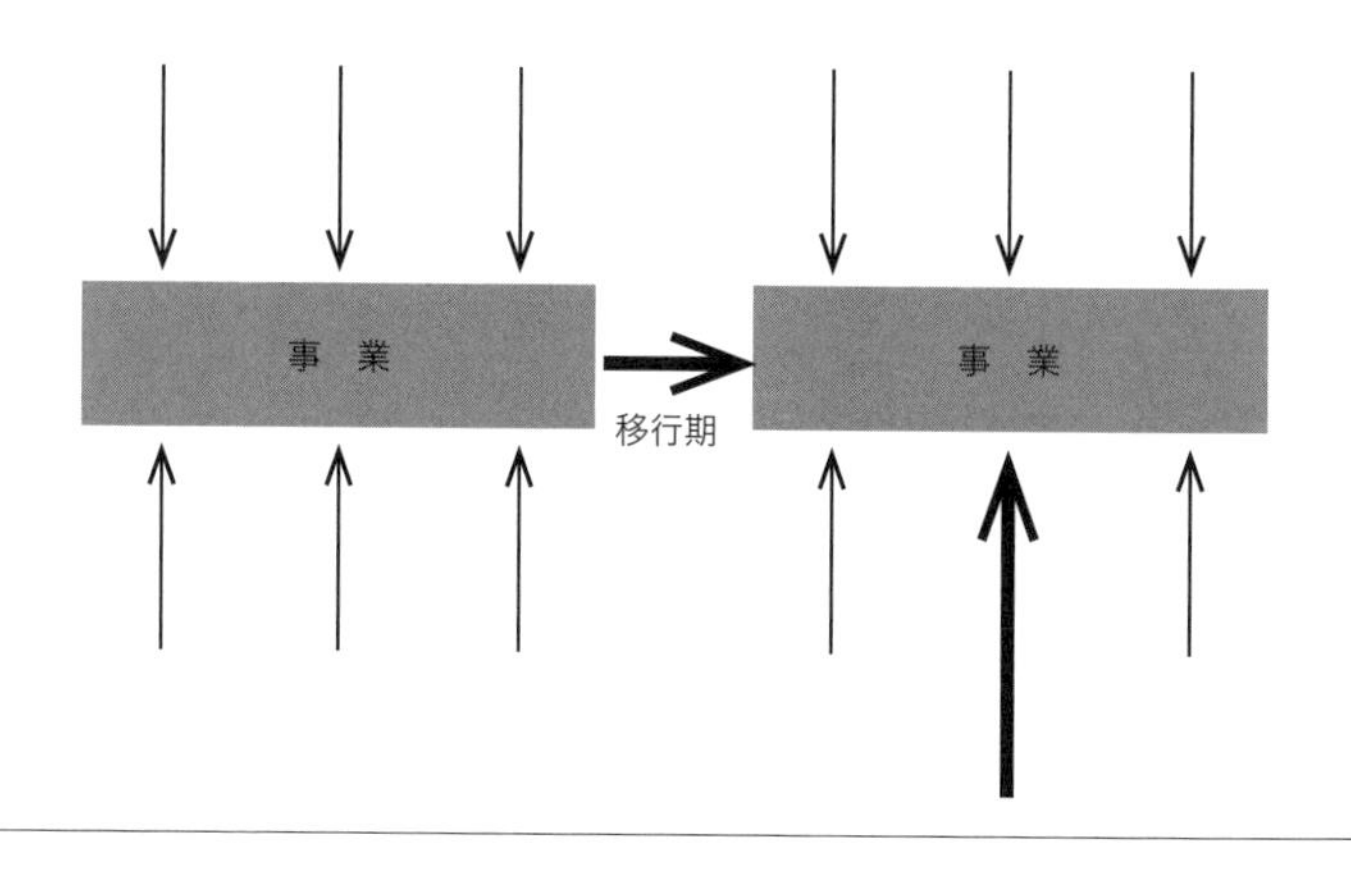

変化のはじまりと終わりは明らかだが、その間の移行は徐々に進み、混乱を招く。

　このような移行期が企業に及ぼす影響は極めて大きい。この時期をどう乗り切るかで将来は決まる。この現象こそ、私が転換点と呼ぶものだ。

戦略転換点

　転換点とは何か。数学でいえば、曲線の変化率（これを第二次導関数と呼ぶ）の符号が、たとえばマイナスからプラスというように変わる変曲点のことだ。物理学でいえば、曲線が凸関数から凹関数に、またはその逆に変わる点だ。図2－4に示すように、ある方向に動いていた曲線が別の方向に曲がりはじめる点である。

　経営戦略に関しても同じことがいえる。転換点に来ると、これまでの戦略的構図が消え去り、それに代わって新たな構図が生まれることになる。その構図にうまく適応できる企業であれば、より高いレベルに達することも可能だ。しかし、この転換点での舵取りを誤ると、ある頂点を通過した後に下降線をたどることになる。この転換点に差しかかって初めて、経営者は困惑し、「何かが違う。何かが変わった」と気づくのだ。

　つまり、戦略転換点とは、さまざまな力のバランスが変化し、これまでの構造、これまでの経営手法、これまでの競争の方法が、新たなものへと移行していく点なのである。戦略転換点を迎えるまでの産業は旧来通りに見えるのだが、いったん転換点を通過すると新しい形に変貌

図2-4　転換曲線

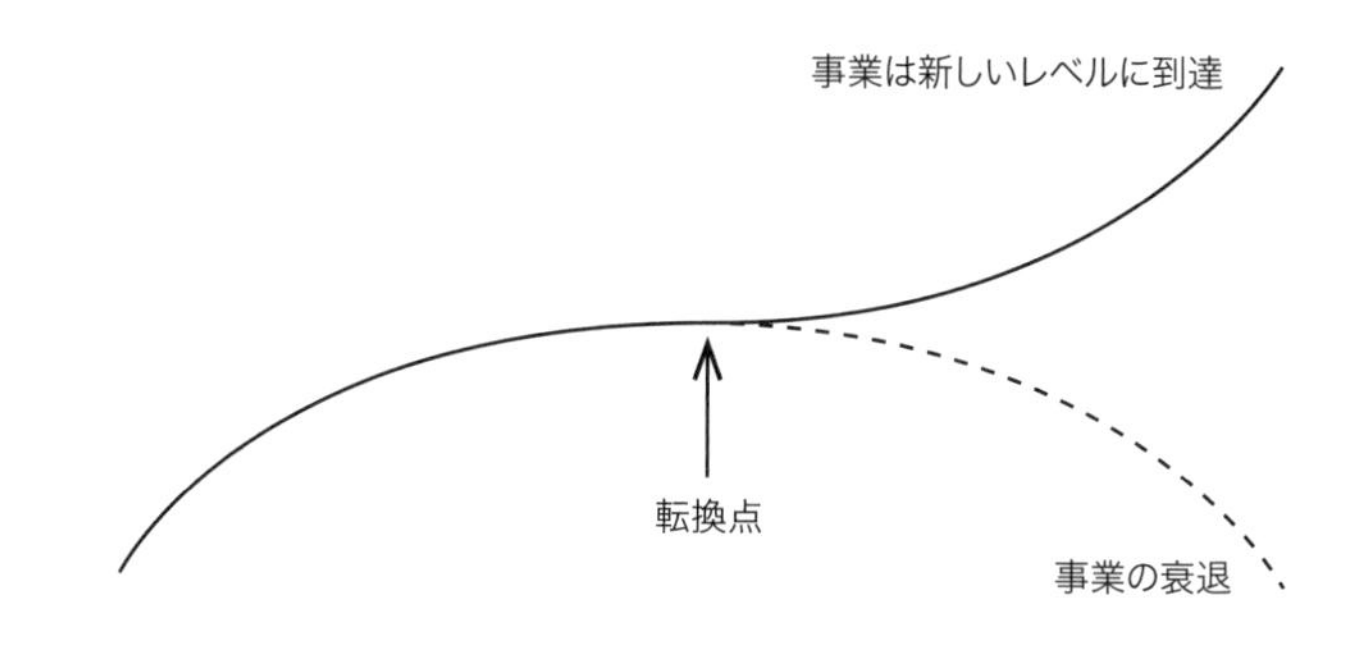

する。戦略転換点では、曲線は微妙にだが根本から変化し、決して元に戻ることはない。

いつ戦略転換点が来るのかを正確に示すことは難しい。後から振り返ってみたとしても、やはり難しいのだ。友人とハイキングに出かけ、道に迷ったと想像してほしい。最初に、グループの中で気弱な人がリーダーにこう尋ねる。「行き先をわかっていますか。道に迷ったのではないですか」

リーダーは、そんな人を相手にもせずに歩き続ける。ところが、道標や見慣れた目印もなく、次第に膨らむ不安感から、ある時点でリーダーはしぶしぶ立ち止まり、頭を掻きながら「おい、みんな。どうやら道に迷ったみたいだ」と認める。ビジネスにおいて、こういう状況が戦略転換点なのである。

後から考えても特定することが難しいというのに、どうすれば戦略転換点を「通過している」ということがわかるのだろうか。実際には、戦略転換点を通過している人たちは、各自が違う時点で自分が通過中であると感じるのだ。ちょうど、ハイキングに行ったメンバーがそれぞれ違うときに道に迷ったことに気づくのと同じだ。

転換点にいるときの議論は厳しい。「もし、わが社の製品がもう少し優れているか、もう少し安ければ、問題はないのではないか」と意見する人が出てくる。確かに一理ある。「景気が悪いせいだ。設備投資が回復すれば、また以前の成長を取り戻すさ」という意見を言う人もいるだろう。これも確かに一理ある。しかし、商品展示会から戻って来た人が、かなり取り乱して動揺しながら、「この業界はすっかり変わってしまった。人々のコンピューターの使い方はおかしいとしか思えない」と言ったとしても、真剣に取り上げられることはまずないだろう。

では、ある状況が戦略転換点であることを、どうやって知ることができるのだろうか。

多くの場合、戦略転換点はいくつかの段階を経て明らかになってくる。

最初に、何かが違うという不安感がある。物事が以前のようにはうまくいかなくなり、顧客の態度も違ってくる。今まで成功してきた開発グループも、売れる商品を作れなくなる。これまで気にもとめていなかった競合企業や、存在さえ知らなかった企業が、自分たちのシェアを奪いはじめる。展示会の雰囲気もなんだか妙だ。

次の段階では、企業が取り組んでいるはずのことと、実際に内部で起きていることとのずれが次第に大きくなっていく。こうした企業方針と行動の不一致が、今まで経験してきた混乱とは違うものだということの暗示なのだ。

やがて、新しい枠組み、新しい考え方、新しい動きが生まれてくる。道に迷ったグループが進むべき方向を見つけるようなものだ（ここまでくるのに一年、場合によっては10年かかることもある）。最後には、新しい経営方針が生まれるが、それを生むのは新たな経営陣であることが多い。

戦略転換点を通るのは、ハイキングで道に迷うというよりも、死の谷に危険を冒して立ち入ることだといったほうが的を射ているかもしれない。従来の経営手法から新しい手法へと移行するための危険な綱渡りだからだ。経営者は、仲間の何人かは谷の向こう側まで一緒に渡りきれないと知りながらも、進んでいくのである。経営者の務めは、犠牲を承知でかすかに見える目的地へ向かえと号令をかけながら進むことであり、中間管理職の責務は経営者の決定を支持することなのだ。ほかに選択の余地はないのである。

何が正しい決断かについては、チームの中でも意見が分かれる。しばらくすると、これが大変な賭けだということに誰もが気づく。それぞれのメンバーの異なる見解をめぐり、激しく真剣なやり取りが生まれてくる。さながら宗教の教義のように、誰もが自分の意見に固執する。これまで協力しながら建設的に動いてきた職場でも、聖戦がはじまったかのように仲間同士がにらみ合い、長年の友人同士が争うようになってしまう。方針の決定、戦略の決定、チームワークの推進、社員の士気の鼓舞など、経営者の仕事とされていることはことごとく困難になり、ほとんど不可能になってしまう。方針の実行、顧客との応対、社員の教育といった中間管理職の仕事も、同じようにますます困難になるのだ。

形のない転換点を相手に、どのようにしたら企業や個人のキャリアを救うための適切な処置を講じるタイミングがわかるのだろうか。残念ながら、これといった方法はない。

しかし、わかるようになるまで待つわけにはいかない。タイミングがすべてだ。もし企業に余力があり、既存の事業で経営を維持しながら新しい事業展開を試せるのであれば、今の社員や戦略的ポジションといった会社が持っている力の大部分を救うことができるだろう。しかしそれは、全体像が見えず、データもそろっていない時点で行動を起こすということを意味する。科学的なアプローチによる経営を信条としている人であっても、このときばかりは直感と個人的判断しか頼れるものはない。戦略転換点という乱気流に巻き込まれたら、乗り切るために使えるものは、悲しいことに直感と判断しかないのである。

しかし救いは、自分の判断で困難な状況に陥ったとしても、そこから脱出させてくれるのもまた自分の判断だということだ。要するに、自分の直感力を磨き、さまざまなシグナルを感知できるようにすれば良いのである。今まで、存在していたにもかかわらず無視してきたシグナルもあるかもしれない。戦略転換点とは、目を覚まし、耳を傾けるべき時なのである。

第3章

コンピューター業界の変貌

The Morphing of the Computer Industry

コンピューティングの基盤だけでなく、競争の基盤も変化した。

Not only has the basis of computing changed, the basis of competition has changed too.

競争を引き起こす力がさまざまに変化する中で、最も対応が難しいケースは、ひとつの力が突出して強くなり、産業界における事業経営の本質を根本から覆すような場合である。過去にも、鉄道の登場で輸送革命が起きたといった例があり、大規模店舗が小規模店舗を一掃しつつある、などという最近の例も見られる。このような変化から学べる教訓と力学は、産業の種類や場所、年代にかかわらず、すべてに共通しているように思う。

どのようにして変化が起きるのか、私にとって最も身近な例を説明しながら細かく見ていくことにしたい。単純な構成で簡単に手に入るマイクロプロセッサーによってコンピューターが作られるようになり、その結果パソコンが登場した。それによってコストパフォーマンスはそれまでの優に10倍にアップした[1]。約5年で、同じ処理能力をコンピューターに求めた場合のコストは90パーセントもダウンしたのだ。前例のない規模の急降下だった。コンピューティングのあり方に起きたこの大革命は、コンピューター・ビジネスにも重大な影響をもたらすことになった。

戦略転換点の前に

従来、コンピューター産業は縦割りの業界だった。図3－1に示す通り、従来のコンピューター・メーカーは、それぞれ自社内でチップを製造し、そのチップを搭載したコンピューターを自社で設計し、自社の工場で生産していた。さらに自社製のOS（コンピューターを動かす基本ソフト）を開発し、自社製のアプリケーションソフト（たとえば、会計管理、航空券の発券、デパートの在庫管理などをするソフト）を販売してきた。各コンピューター・メーカーが、自社製のチップ、自社製のハード、自社製のOS、そして自社製のアプリケーションソフトを組み合わせてパッケージとし、自社の営業担当者が販売していたのだ。これが縦割りの意味である。ここまでに何回「自社」ということばが使われたか注目してもらいたい。「プロプライエタリ（専用の、独自の）」ということばに置き換えてもいい。事実、かつてのコンピューター産業では頻繁にこのことばが登場していた。

今までのコンピューター業界の競争は、縦割りの専売ブロック同士の競争だった。営業担当者は、自社の縦割り製品を組み合わせて顧客に提示していたし、顧客側も一商品よりもブロックを選ぶという買い方をしていたのだ。

このような環境には、利点も欠点もあった。利点は、メーカーが自社でチップ、ハード、ソフトを開発し、自社のスタッフが販売し、アフターケアまで自社が行うことで、総体的にスムーズに機能させることができた点である。一方、欠点は、一連の専売システムを一度購入して

図3-1　1980年頃の縦割り型コンピューター産業

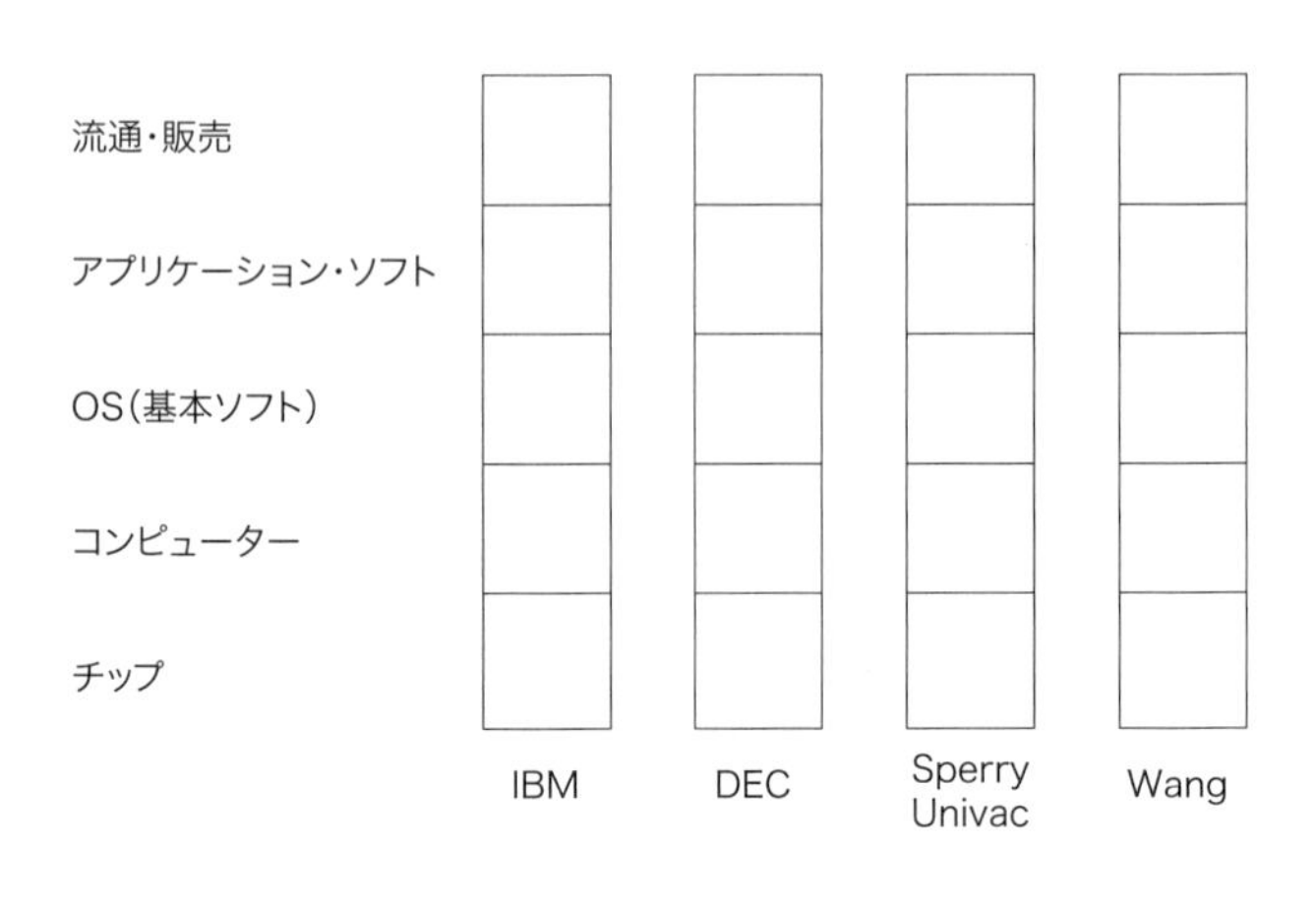

しまうと、そのメーカーから離れられなくなってしまう点だった。問題が起きても、この縦割り型システムの一部だけをやめるということはできなかった。もしもどこか一部を放棄するのなら、縦割り型システム全体を諦めなければならなかった。これは大変なことだ。だからこそ、顧客は最初に選んだメーカーを長く使う傾向があった。そうなると、新規顧客の獲得競争が熾烈を極めるのは自明の理だった。とにかく最初に買わせることが重要で、その競争を制したものが長期にわたって優位に立てるのだった。これが過去何十年にもわたって続いてきたこの業界のやり方であった。

そこにマイクロプロセッサーが登場し、続いてマイクロプロセッサー搭載のパソコン、すなわち「10X」の力が登場したのだ。「10X」の力は技術の進歩によって生じた。つまり、それまでは多数のチップで構成されていたものが、ひとつのチップに集約できるようになり、ひとつのマイクロプロセッサーであらゆるパソコンを作ることができるようになったのだ。マイクロプロセッサーが産業の基本部品となるにつれて、規模の経済が効果を発揮し、コンピューターの生産は極めて効率的になった。そして、PCは職場でも家庭でも魅力的な道具となっていったのである。

時間が経つにつれてマイクロプロセッサーは産業構造を変貌させ、新しい横割り型構造を出現させた。この新しい産業構造では、一社ですべてを生産するというような企業は存在しない。ユーザーは小売店やコンピューター専門の大型店へ行き、数あるチップの陳列棚からチップをひとつ選び、コンピューター・メーカーを選び、複数のOSからひとつを選択し、アプリケーションソフトの陳列棚から好みのソフトをいくつか選んで、家に持ち帰ることができるようになった。家に帰ってコンピューターに電源を入れ、ばらばらに買ったものが一体となってうまく動いてくれることを願う。時にはうまくいかないこともあるが、それでもなんとかなだめすかしてうまくいくよう努力する。

なにしろたった今手に入れたばかりの2000ドルほどのコンピューターは、以前ならその10倍以上払っても買えなかったコンピューターなのだ。買い手は商品があまりに魅力的なので、デメリットには目をつぶる。産業構造が新しくなったおかげでこのような恩恵に浴することができるのなら、そちらを享受しようということだ。次第に、こうした状況の変化がコンピューター産業の構造をすっかり変えてしまい、図3－2に示すような新しい横割り型構造が出現したのである。

図3-2　1995年頃の横割り型構造のコンピューター産業

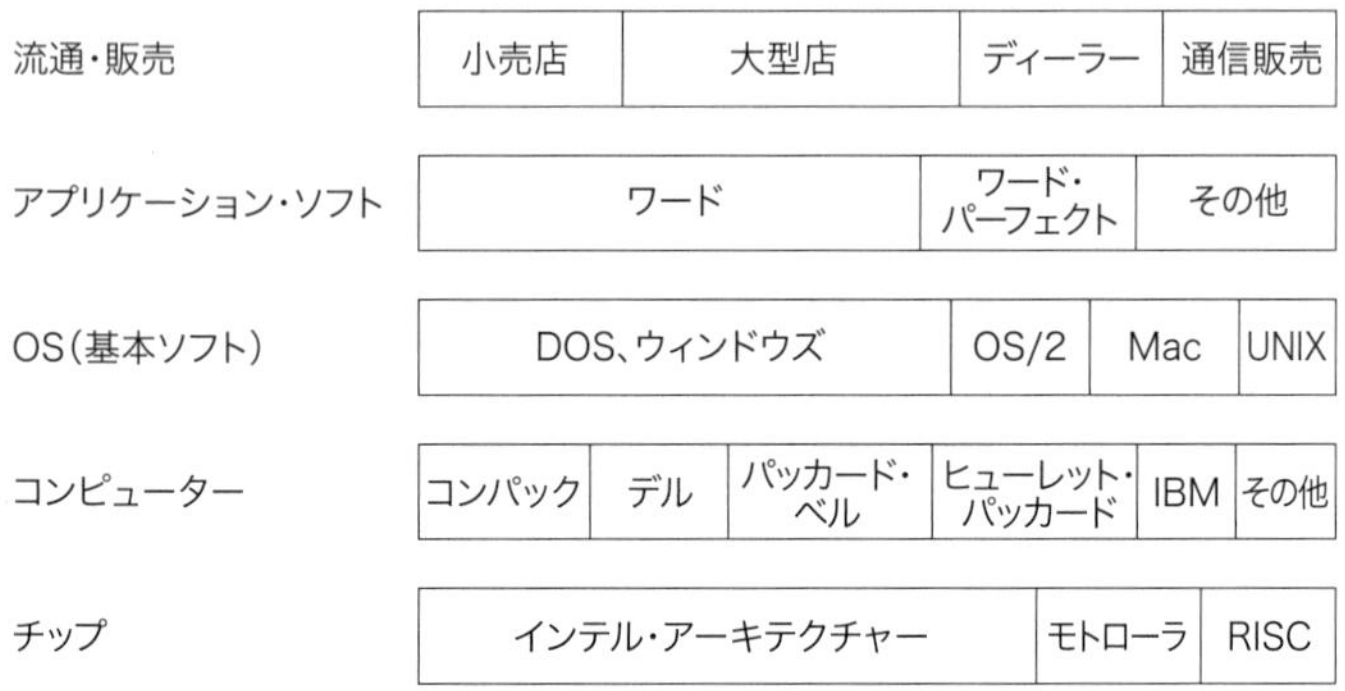

流通・販売	小売店	大型店		ディーラー		通信販売
アプリケーション・ソフト	ワード			ワード・パーフェクト		その他
OS(基本ソフト)	DOS、ウィンドウズ			OS/2	Mac	UNIX
コンピューター	コンパック	デル	パッカード・ベル	ヒューレット・パッカード	IBM	その他
チップ	インテル・アーキテクチャー			モトローラ		RISC

図3-2では、横列が企業の能力と競争領域を示している。チップの列は、インテルのマイクロプロセッサー・アーキテクチャーを使用しているメーカーと、別のマイクロプロセッサーを生産しているモトローラなどが競争していることを示している。コンピューターの列では、基本となるコンピューターが、コンパック、IBM、パッカード・ベル、デル、その他多数のメーカーによって設計されていることがわかる。各社の技術者が基本設計の改良にしのぎを削っているとはいえ、これらのコンピューターは本質的には似かよっている。

OSもまた、定着しているものは限られている。1980年代は、マイクロソフトの初期のOS、DOSが世の中を席巻していた。1990年代に入ると使いやすさが求められるようになり、ウィンドウズが出現し、IBMのOS／2、アップルのMac OS、そしていくつかのUNIXベースのOSと競合するようになった。

表計算、ワープロ、データベース、カレンダーなど、ありとあらゆるアプリケーションソフトがある。販売や流通の選択肢も非常に多くなった。小売店はディーラーと競争し、ディーラーは大型店と競い合っている。これらのどの店でも、数多くのコンピューター・メーカーやソフトウェア・ハウスの製品を扱っている。多くのスーパーが多種多様なブランドの歯磨き粉を置いているのと同じだ。

このようにして、1980年代にコンピューティングは変化した。従来の縦割り型から横割り型へと変化していったのである（図3-3）[2]。最初にコンピューターを使っていた個人がPCへと移行し、やがて本格的なコンピューティングがPCを利用して行われるようになった[3]。そして時間が経つにつれ、産業構造全体が横割り型構造へと変貌していったのである。次にそのことを説明しよう。

振り返ってみても、コンピューター業界にいつ戦略転換点が訪れたのか明確にはわからない。1980年代初めにPCが出現した頃だろうか。それとも、1980年代後半にPC技術を基盤としたネットワークが増えてきた頃だろうか。どちらとも言い難い。しかし、いくつか明らかなこともある。1980年代までは従来型のコンピューター・メーカーが力を持ち、活力にあふれ、成長を続けていたということである。IBMは、1980年代の終わりには1000億ドル企業に成長するだろうと自ら予測していた[4]。しかし、1980年代末には多くの縦割り型コンピューター・メーカーがレイオフとリストラに忙殺され、産業界にはまったく新し

図3-3　コンピューター産業は縦割り型から横割り型に変化した

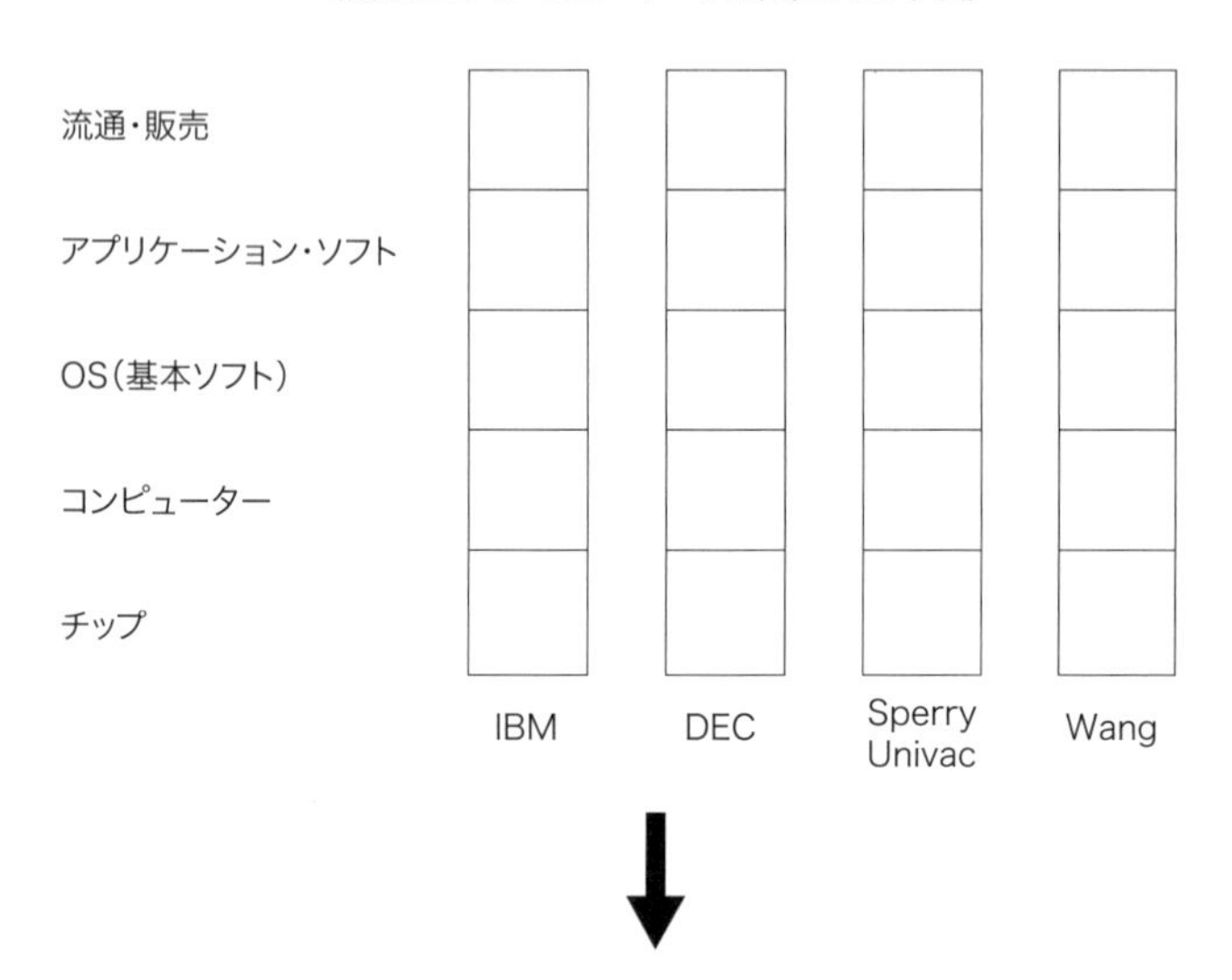

横割り型構造のコンピューター産業（1995年頃）

流通・販売	小売店	大型店	ディーラー	通信販売	
アプリケーション・ソフト	ワード	ワード・パーフェクト	その他		
OS（基本ソフト）	DOS、ウィンドウズ	OS/2	Mac	UNIX	
コンピューター	コンパック	デル	パッカード・ベル	ヒューレット・パッカード	IBM	その他
チップ	インテル・アーキテクチャー	モトローラ	RISC		

いプレーヤーが登場していたのである。このことを考えると、私の頭の中にはコンピューター上で人の顔を別の顔に変えていく「モーフィング」のイメージが浮かんでくる。ひとつの顔が気づかないほど少しずつ消えていき、同時に別の顔が表れて来るイメージだ。最初の顔がいつ消えて、それに代わる顔がいつ表れたのか、正確な瞬間を示すことはできない。ただわかるのは、はじめにひとつの顔があって、最後には別の顔があるということだけだ。どのあたりでどちらの顔により近かったかはわからないし、終わってから考えてみても、やはりわからない。

このような変革が進むにつれ、従来の縦割り型コンピューター業界で隆盛を極めていた企業は、次第に生き残りが困難になってきていることに気づいた。しかし一方で、新しい秩序が新規参入企業に飛躍する機会を与えることにもなった。コンパックは、フォーチュン誌が選ぶトップ500社の中で、売上高10億ドルを最も短期間で達成した企業となった[5]。こうした企業は、新しい産業の力学を十分に理解し、自分たちの事業展開をその力学に適応させることによって成功を勝ち取った。デル、ノベルなども同様である。このことについては、また後で触れることにする。

戦略転換点の後

コンピューティングの基盤が変化しただけでなく、競争の基盤も変化した。横割り型構造で競合する企業は、それぞれの領域で最大のシェアを獲得しようと競争するようになった。コンピューター産業におけるこのような競争の勝敗は、大量生産、大量販売が決め手となる。勝者は必然的にますます強くなり、敗者は次第に弱っていくのだ[6]。

1981年以降、IBMがPCに搭載するマイクロプロセッサーをインテルのものに決めたことで、インテルは最も広く支持されるマイクロプロセッサーの供給業者になった。それ以降、コンピューター・メーカーとOSメーカーは、他社のチップではなく、インテル・アーキテクチャーのマイクロプロセッサーを基盤として事業展開することが経済的に有利だと判断するようになった。なぜなら、インテル・アーキテクチャーのマイクロプロセッサーは、年々増産に次ぐ増産を遂げていたからである。最大の製造出荷量を誇るトップ・ブランドの製品を基盤に事業を展開していけば、その企業の事業においてもさらなる拡大が期待できる。

アプリケーションソフトの開発業者も量産を目指して動いていた。彼らには2つの選択肢があった。市場シェア一位のマイクロソフト製ウィンドウズ対応の製品を開発するか、それとも市場シェアの少ない他社のOS対応の製品を開発するか、である。彼らは次第に前者を基盤とする事業展開を行うようになり、「インテルのマイクロプロセッサーとマイクロソフトのOS」の成功に拍車をかけたのである。

従来の産業構造から新しい構造への転換は一瞬にして起こったわけではない。それには何年もの歳月がかかっている。またさまざまな小さなステップも必要だった。メインフレーム・コンピューターは新しいアプリケーションをパソコンに奪われ、プログラマーの関心はメインフレームからパソコンへと移り変わり、従来のソフトウェア会社が衰え、新しいソフトウェア会社が台頭するようになった。こうした何千もの出来事が一つひとつ積み重なって、産業構造の変革は起こったのである。

この縦割りから横割りへの産業構造の転換が、メインフレーム・コンピューター・メーカーにとってどのような意味を持っていたのかを考えてみたい。特にここでは、IBMの立場から見てみることにしよう。IBMは、従来型コンピューター産業の最大手として長い間君臨し続けてきた。そうした企業であるIBMは、この変化によってどのような影響を受けたのだろうか。

最初に、コンピューター産業がメインフレームからマイクロプロセッサー・ベースのパソコンに移行するのに伴い、IBMの成長スピードは低下しはじめた[7]。しかし、事態はそれだけにとどまらなかった。当時のIBMには、縦割り型コンピューター産業で数十年にわたって勝ち続けてきた人たちが集まっていた。IBMを動かしていたのは、縦割り型の世界で育ってきた人たちだったのだ。この幹部たちは、従来の枠組みの中で製品を開発し、競争することに卓越していたからこそ、昇進できたのである。長きにわたって縦割り型コンピューター産業で成功してきた思考や本能がすっかり身体にしみついていたのだ。そのため、産業そのものが変化しても、製品開発や競争に関して、過去に成功を導いた方法をそのまま用いて競争を制しようとした。

「OS／2」という単純な名前の付け方ひとつを取っても、IBMがいかに横割り型構造の重要性を見逃していたかがわかる。パソコンの新しいOS（基本ソフト）、OS／2のコンセプトは、1987年、「PS／2」と名付けられたIBMのパソコンの新シリーズと同時に発表された。ところが、OS／2はPS／2でのみ動作するという憶測が飛び交った[8]。これは必ずしも正しくはなかったのだが、このように受け取られたという事実だけでもOS／2の成功には限界があったといえる。というのも、大半のパソコンは他社製品で、IBM製ではなかったからである。

それだけではなかった。IBMは、他社のコンピューターでOS／2を動作させるためのプログラムの修正に時間をかけすぎ、ほかのコンピューター・メーカー、すなわち競合他社にOS／2を売り込むまでにはさらなる時間を要した[9]。その結果、競合他社が自社のコンピューターにOS／2を搭載して出荷できるようになったときには、すでにDOSやウィンドウズを搭載して出荷することが当たり前になっていたのである。

私は、IBMの担当者が大手パソコンメーカーにOS／2の採用を依頼している現場にたまたま居合わせたことがある。その担当者は、PS／2シリーズのパソコンとOS／2の両方に関わっていた。それは、私が経験してきた中でも最も奇妙な商談だった。その2人は、はなからお互いのことをパソコン販売のライバルとみなしていた。IBMの担当者の主な任務はOS／2を普及させることなのだが、この担当者は競合相手にそれを売り込むことに気乗りしていないようだった。一方、相手のコンピューター・メーカーの担当者は、OSのような技術の要をパソコンで競合関係にあるIBMに頼りたくないという様子だった。2人の間のやり取りは、ぎこちなく、不自然で、商談はとうとう成立しなかった。そして、OS／2はいまだに幅広い支持を得られないでいる。

明らかに、従来の古い業界は姿を消しつつある。何かが変わったのだ。そして、従来の業界で収めた成功が大きい企業ほど、変革への対応が難しいのである。

勝者と敗者

産業が戦略転換点にさしかかっているとき、従来の方法を実践してしまうとトラブルに直面することがある。その一方で、戦略転換点が切り開く新天地は、その産業の外に身を置いてきた者にも新規参入のチャンスを与えることがある。

私は先に、横割り型になった新しいコンピューター業界で、飛躍的な成長を遂げたコンピューター・メーカーの例としてコンパックを取り上げた。コンパックも設立当初はＩＢＭ互換機メーカーとしてＩＢＭに追従していたが、１９８５年に新しいマイクロプロセッサーが発表され、トップシェアを握るチャンスが到来すると、すぐさまそれに飛びつき、一挙にＩＢＭを抜いてトップに踊り出たのである。他者に先駆けて変化をとらえたこの先見性が、コンパックのパソコン市場におけるシェアを増大させ、ついにはＩＢＭを追い越し、世界最大のＩＢＭ互換機メーカーへと押し上げたのである[10]。

新しい秩序の中で生まれ、既存の通念やルールに縛られない企業は、コンパックのほかにもあった。１９８０年代初頭、マイケル・デルは、テキサス大学の学生寮の自室でパーツから組み立てたコンピューターを、友人たちに提供することをはじめた[11]。つまりデルは、「価格が安くて、標準的なシステムが欲しい」という、横割り型パソコン産業のユーザーの要望に応えたのだ。その後、デルはこの経験を踏まえて、次のような前提に立って会社を起こした。コンピューターを顧客の特定のニーズに合わせてカスタマイズし、じかに（この場合、電話で注文を受け、パソコンを小包で発送するというやり方で）販売すれば、大学の友人以外でも欲しい人が出てくるに違いない、という考えだった。従来のコンピューター業界に身を置く者には、郵便でコンピューターを買う人間がいるなどということは思いもよらないことだっただろう。こうした発想は、ありえないものとして片付けられてしまっていたはずだ。犬が空を飛べないのと同じように、通信販売でコンピューターを買う人間はいない、と思い込んでいたのである。確かに、少なくとも従来の秩序の下では、誰もそんな方法でパソコンを買おうとはしなかった。

現在、テキサス州オースチンにあるデル・コンピューターは年商約50億ドルを売り上げるまでになったが[12]、会社創立の理念はまだ生きている。デルは、個人の仕様に合わせて組み立てたパソコンを、通信販売しているのだ。こうしたやり方は、低コスト、大量生産、大量消費という特徴を備えたパソコンの世界だからこそ可能なのである。

従来の縦割り型コンピューター業界の上位に位置づけられていた企業で、新しい横割り型コンピューター業界の上位10社に入った企業はほとんどない。これは、ひとつの産業で成功を収めた企業が、まったく異なる産業構造に適応していくことは極めて難しいという見解を裏づけている。

しかし、従来の産業構造の中にあった企業でも、新しい構造に適応すべく自らを再生しようとした例はある。NCRは、構造転換が加速する前の1980年代初めまで、大手の縦割り型コンピューター会社の一社であり、初期の段階で、いち早く変化を察知した一社であった。わずか数年で（それもAT&Tに買収される前に）、NCRはすべての製品に既製のマイクロプロセッサーを採用する方法に移行していた。NCRは自社のチップとハードウェア設計を捨て、ソフトウェアにも大幅な修正を加えて、自社のアーキテクチャー上で動作するように設計されていたソフトウェアを、既存品のマイクロプロセッサー上で動作するようにしたのである。

ユニシスは、スペリーとバロースという2つの会社が合併してできた縦割り型のコンピューター・メーカーで、従来のコンピューター業界の一角を占め、数十億ドルの売上規模があった。彼らも、戦略転換点が縦割り型の企業に大混乱を巻き起こしたとき、窮地に立たされた一社だった。トップクラスのコンピューター設計を誇りにしていたユニシスだが、時代への適応を迫られ、新しい横割り型コンピューター業界が生んだ製品に基づくソフトウェアやサービスに目を向けることにしたのだ[13]。彼らは、今までの方法では、この業界全体に波及する変化に立ち向かうことはできないと判断し、自らを変化の波に適応させていったのである。

変化は時に劇的な様相を呈することもある。1980年代初め、ノベルは従来型のコンピューター産業に則った方針を持つ小さな会社だった。彼らは、ハードウェアを生産し、そのハードウェア上で動作するネットワーク・ソフトを開発していた。このノベルもまた、困難な状況に直面した。ノベルの当時の社長レイ・ノーダは、「何をすべきかを見極めるのは、それほど難しくはなかった」と、よく語っている[14]。ノベルは、単に資金難で部品納入業者への支払いができなくなったため、ハードウェア生産から撤退し、支払いの心配をする必要のないソフト部門に力を注いだというのだ。そして、安価で標準的なパソコン向けソフトの開発に移行したのである。新しいルールに即座に乗り換えたことで、ノベルは新しい横割り型業界のネットワーク・ビジネスに文字通り「一番乗り」し、1980年代の終わりには売上高10億ドルのソフト会社へと成長したのである。

ノベルの経験には学ばなければならない重要な教訓が含まれている。ハード・メーカーとしてのノベルは、変化に立ち向かえるほどの規模ではなかった。しかし、パソコン上で動くネットワーク・ソフトをいち早く普及させ、登場したばかりのネットワーク市場で大きなシェアを獲得することで、規模を味方につけたのだ。ノベルは、敗者から勝者に転じたのである。

さらなる教訓が2つある。そのひとつは、戦略転換点が産業界に吹き荒れているようなとき、従来の構造の中で成功している企業ほど変化に脅かされる度合いが大きく、変化に適応することをためらう度合いも大きくなるということだ。2つめは、どんな業界に参入するにも、確固たる地位を築いている企業の向こうを張って参入する場合は膨大なコストがかかるが、業界の構造が崩れると参入コストは明らかに小さくなり、コンパックやデル、ノベルのような企業が生まれる可能性が出てくるということなのだ。

この3社は、いずれも事実上ゼロからスタートして大企業になった。これらの会社に共通することは、横割り型になった業界で成功するためのルールに直感的に従ったということである。

横割り型業界の新ルール

横割り型業界では、大量生産と大量販売が死命を制する。ここには独自のルールがある。横割り型コンピューター業界の熾烈な競争で優位に立った会社は、業界における暗黙のルールを体得している。それに従えば競争に勝って成功する機会を得るし、そのルールを無視すればどんなに優秀な製品を生産し、計画をうまく実行しても、急な登り坂を重い足取りで登るはめになる。

では、そのルールとは何か。3つある。

第一に、ほかと比べても大差のないものを無闇に差別化しない、ということだ。顧客に実質的なメリットもないのに、競合企業を出し抜くためだけに、改良するのはやめておくことだ。メーカーが、表面的に「より良いパソコン」を作りたいがために、主流となっている標準から逸脱する試みは、ことごとく失敗している[15]。そのような例はパソコン業界にあふれている。パソコンの良さは、互換性と切り離すことはできない。互換性のない「より良いパソコン」は、技術的に矛盾しているのである。

次に、競争熾烈なこの横割り型業界において、技術革新や何らかの根本的な変化が訪れたとき、文字通り扉を叩いて到来するチャンスをしっかり捕まえる、ということだ。他社がまだ迷っているうちに行動を起こす企業、最初に行動を起こす企業のみが、競争相手に勝つための時間稼ぎという真のチャンスをつかむことができる。とりわけこのビジネスにおいては、時間的な優位性は、最も確実にシェアを獲得する道である。逆にいえば、新しい技術の波に逆らおうとする企業は、たとえ努力を尽くしたとしても敗者になるということだ。なぜなら、貴重な時間を浪費してしまうからである。

そして3つめに、市場に受け入れられる価格をつけること、販売する量を設定して価格をつけること、である。そして、猛烈に働き、その価格で利益が得られるようにすることだ。こうすれば規模の経済、すなわち巨額の投資が効率性、生産性を生み、その結果、大手供給メーカーになり、巨額の投資を回収できるチャンスが生まれることになる。それに比べて、コストから積み上げた価格を設定すると、多くの場合は隙間市場に入り込んでしまうことになる。そこは、大量生産を主流とする業界ではあまり利益が上がらない市場だ。

こうしたルールは、横割り型の構造を持つ産業では一般的なものだと思う。また産業界全体を見渡してみても、多くの場合は横割り型に向かう傾向があると思う。すなわち、競争が激しくなればなるほど、企業はなんらかの特化した分野で世界的な競争力を持とうとし、自ずと今まで培ってきた得意分野や専門性に引き戻されるのだ。

なぜそうなるのだろうか。

先に挙げた例では、縦割り型のコンピューター・メーカーは、コンピューターのプラットフォームとOS、ソフトのすべてを生産しなければならなかった。しかし、横割り型のコンピューター・メーカーは、ひとつの分野に特化して製品を供給すればいい。コンピューターのプラットフォームか、OSか、ソフトか、そのうちのひとつでいいのである。横割り型の業界は機能的に特化しているため、縦割り型の場合よりもコストパフォーマンスが高い傾向にある。端的にいえば、複数の分野で一流になることは、ひとつの分野で一流になることよりも難しいことなのだ。

業界が縦割り型構造から横割り型構造へと移行するにつれ、企業は戦略転換点を通過するために汗を流さなければならない。したがって、こうしたルールに則って経営しなければならない会社が、時が経つにつれてますます増えてくるのである。

第4章

それは、どこにでも起こる

THEY'RE EVERYWHERE

戦略転換点は、IT業界特有の現象ではなく、誰の身にも降りかかる。

Strategic inflection points are not a phenomenon of the high-tech industry, nor are they something that happens to the other guy.

ウォルマートが小さな町に進出すると、町の小売店を取り巻く環境は一変する。「10X」の力が登場するからだ。音声技術が映画に普及したとき、無声映画時代の俳優は皆、技術のもたらす変化、「10X」の力を身をもって体験することになった。コンテナによる船積みが海上輸送に革命を引き起こしたとき、「10X」の力は世界中の主要な港の再編成をもたらした。「10X」のレンズを通して新聞を読むと、絶えず潜在的な戦略転換点が見えてくる。今日、米国中を襲っている銀行合併の波は、「10X」の変化と何か関わりがあるのだろうか。ディズニーによるABCの買収、タイム・ワーナーがターナー・ブロードキャスティング・システムへ提案した合併はどうだろうか。AT&Tが自発的に乗り出した自社分割はどうだろうか。

この章からは、戦略転換点が訪れたときに起こる共通した反応や行動について、そして戦略転換点に対処するための方法やテクニックについて論じていきたい。第4章では特に、さまざまな産業で起こった戦略転換点の例を、テーマとして取り上げたい。他人の痛恨の経験から教訓を得れば、来たるべき戦略転換点を察知する能力が養われる。まずはその能力を高めることが、戦いの前半である。

ここでは主に、ポーター教授の競争力分析モデルの枠組みを使うことにする。事業に影響を与える競争力のひとつに「10X」の変化が起きることが、戦略転換点の引きがねになる場合が多いからだ。「10X」の変化によって引き起こされた例について説明しよう。すなわち、競争における「10X」の変化、テクノロジーの「10X」の変化、顧客の力の「10X」の変化、供給業者と補完企業の力の「10X」の変化、そして法的な規制の施行や撤廃による「10X」の変化による例である。「10X」の要素があまりに広範囲に影響しているために、次のような疑問が出てくる。つまり、〝どの戦略転換点も、「10X」の変化を特徴としているのか。どの「10X」の変化も、戦略転換点につながるのか〟という疑問である。事実上、この2つの問いに対する答えは「イエス」だと考えている。

「10X」の変化――競争

世の中には、競争があり、またメガ・コンペティション（大競争）がある。メガ・コンペティション、つまり「10X」の力が出現すると、産業の様相は一変する。時に、メガ・コンペティションの本質は目に見えて明らかである。ウォルマートの例がまさにそれに当たる。また時には、メガ・コンペティションは知らぬ間に忍び寄ってくる。そうなると、今までのビジネスのやり方は通用しなくなり、顧客も次第に離れていってしまう。その例として、ネクストを挙げよう。

ウォルマート＝町を制圧する力

小さな町の雑貨店にとって、ウォルマートは競争相手である[1]。それは、今までほかの雑貨店が競争相手だったのと同様である。しかし、ウォルマートは優れた「ジャスト・イン・タイム」のロジスティックス・システムを携えて町に進出してくる[2]。その上、最新のスキャナと衛星通信を利用した在庫管理、中央センターから店舗へと次々に在庫を補充するトラック、大量販売を前提とした価格設定、会社全体で組織的に行われる研修プログラムに加えて、競争が比較的少ない所を狙い打ちして出店するシステムまで備えているのだ。これらすべてが合わさって「10X」の要因となる。雑貨店のそれまでの競争相手とは比べものにならない。小さな町の雑貨店にとって、ウォルマートの進出はビジネス環境の大変化を意味するのである。

自分よりはるかに優秀な競争相手が登場すれば、否応なく変化せざるを得ない。以前は十分通用していたやり方を続けようとしても、もはやうまくいかなくなるのだ。

ウォルマートに対抗できる手段は何だろうか。専門店になることも一案だろう。ホーム・デポ、オフィス・デポ、トイザラスなどの「カテゴリー・キラー」[3]のような方法で、特定のマーケットにターゲットを絞り込み、豊富な品ぞろえをすれば、ウォルマートとの相対的な規模の差を相殺できるかもしれない。また、ステイプルズ[4]が徹底してコンピューター化された顧客データベースを活用しているように、顧客のニーズに応じてサービスをカスタマイズする方法もあるだろう。そのほかに、ビジネスを再定義し、商品は変えずに、顧客が価値を見出すような店内環境を演出するという方法もあるかもしれない[5]。たとえばウォルマート・スタイルの競争優位を持ち込んでくるチェーン店の書店と競争するために、個人経営の書店が本のあるカフェに変貌を遂げた例などがある。

ネクスト＝ソフトウェア会社

スティーブ・ジョブズが共同経営者とともにアップルを設立したとき、彼は完全な縦割り型のパーソナル・コンピューター会社を生み出すのに成功した。アップルは、自社でハードウェアを製造し、ＯＳ（基本ソフト）を設計し、自社のグラフィカル・ユーザー・インターフェース（コンピューターで作業をするときにコンピューター画面に見えるもの）を作った。そのうえさらに、自社のアプリケーションまで作ろうとしていたのである。

ジョブズは、１９８５年にアップルから退いたとき、どうあっても、前と同じサクセス・ストーリーをもう一度作り上げようとしていた。それも、もっとうまく。新会社の名前からもわかるように、ジョブズはコンピューターの「ＮｅＸＴ（ネクスト）」で、次世代を創り出そうとしていた。素晴らしい設計のハードウェア、アップルのマッキントッシュを超えるグラフィカル・ユーザー・インターフェース、Ｍａｃよりも高度な処理が可能なＯＳ。ソフトは、ユーザーがゼロから作らなくても、既存のソフトを使い方に合わせて並べ替えることでアプリケーションをカスタマイズできるようにしようと考えた。

ジョブズは、ハードウェア、基本ソフト、グラフィカル・ユーザー・インターフェースなどのすべてをひとつにした、他に類を見ないコンピューター・システムを作り上げたかったのだ。

そして数年間を要したものの、ジョブズはほぼこれに近いことを成し遂げた。ネクスト・コンピューターとそのOSは、基本的にこの目標を達成したのである。

しかし、野心に燃えて複雑な開発に集中している間に、努力が水泡に帰すかもしれない、ある重要な事態が進展していることをジョブズは見過ごしていた。ジョブズとその社員が、日夜、とびきり上等のコンピューター開発に血眼になっている間に、大量生産の誰にでも使えるグラフィカル・ユーザー・インターフェースを備えたマイクロソフトのウィンドウズがマーケットに現れたのだ。ウィンドウズのユーザー・インターフェースは、Macのユーザー・インターフェースには及ばなかったし、NeXTには程遠いものだったし、コンピューターやアプリケーションと一体化して機能していたわけでもなかった。しかし、安価で、それなりに機能したのである。そして、最も重要なことは、ウィンドウズが、1980年代の終わりには数百ものメーカーから出荷され、低価格でますます強力になっていた「パソコン上で」動作したという事実だった。

ジョブズが、ネクスト社内に閉じこもって夜を徹している間に、外の世界では変化が起きていたのである。

NeXTの開発に着手したとき、ジョブズの念頭にあった競争相手はMacだった。PCの姿など、彼のレーダーには映ってもいなかったのである。当時のPCには、使い勝手の良いグラフィカル・ユーザー・インターフェースさえなかったのだから、当然といえば当然である。

しかし、3年後にNeXTがその姿を世に見せたときには、マイクロソフトがウィンドウズに粘り強く取り組んだ努力が、ＰＣ環境を変えようとしていた。ウィンドウズの世界は、グラフィカル・ユーザー・インターフェースを採用した点で、Ｍａｃの世界と共通した特徴を持ち合わせるようになり、同時に、ＰＣの世界の基本的な特徴をも継承していたのである。すなわちウィンドウズは、世界中のどこでも、ありとあらゆるメーカーのコンピューター上で動作する、ということだ。そして、膨大な数のコンピューター・メーカーが猛烈な競争を繰り広げた結果、ＭａｃよりもはるかにＭ手に入れやすい価格になったのである。

ネクストを創業した時点で、ジョブズと彼の会社はタイム・カプセルの中に入ってしまったようなものだった。彼らは何年もの間、ライバルだと思っていた相手に勝つため、懸命に働いてきたのだ。しかし、ふたを開けてみると、状況はまったく変わっていて、そこにはずっと手強い相手が立ちはだかっていた。ネクストは、気づかぬうちに戦略転換点のまっただ中に入っていたのである。

ネクストのマシンは、波に乗れなかった。実のところ、投資家は資金をつぎ込み続けたが、ネクストは資金を使うだけだった。ジョブズらは、費用のかかるコンピューター開発業務を維持し続けようと懸命になり、最先端のソフト開発業務やＮｅＸＴの大量生産のために建設されたフル・オートメーションの工場も維持し続けようとしたのだった。結局、マシンは大量生産されることなく、ネクストは創立から約6年後の1991年、財政難に陥ってしまった[6]。

ネクストの幹部には、ハードウェア部門の敗北を認め、大量生産されているＰＣに同社の重要資産であるソフトウェアを搭載できるようにしようと主張する者もいた。しかしジョブズは長い間これを拒んだ。ジョブズは、PCが嫌いだったのだ。PCは趣味が悪く、設計もお粗末だと考えていた。また、PC業界には数多くのプレーヤーが存在しているため、そこになんらかの画一性をもたらすことなどできるはずがない、と考えていた。要するに彼は、PCはごちゃごちゃしすぎていると思っていたのである。実際、彼は正しかった。しかし、ジョブズが当時見逃していたのは、彼が軽蔑していたPC業界の乱雑な状態こそ、この業界のパワーの証だったということだ。なぜなら、多くの企業が、より価値ある製品を、より多くの顧客に提供しようと競争していたからである。

ジョブズを取り巻く幹部の中には、我慢できなくなって去っていった者もいた。しかし、彼らが訴えていたアイデアはくすぶり続けていた。ネクストの資金力はますます低下し、ジョブズはついに、趣味が悪く、乱雑なPC業界を無視できない市場だと認めた。それまで反対してきた提案を支持することにしたのである。ジョブズは、すべてのハードウェア開発を中止し、真新しいオートメーション工場を閉鎖して、社員の半数を解雇した。PC業界の「10X」の力に屈し、ソフトウェア会社ネクストが誕生したのである[7]。

スティーブ・ジョブズは、パーソナル・コンピューター業界そのものを築いた天才といっていいだろう。彼は20歳にして、コンピューター業界が次の10年間で1000億ドルを稼ぎ出す世界規模の産業になることを察知していた人物である。しかし、10年後、30歳のジョブズは自分の過去にしがみついた。ジョブズのお気に入りの言葉「非常識なほど偉大なコンピューター」が、かつては市場を獲得していた。しかし、グラフィカル・ユーザー・インターフェースで差別化できたのは、ＰＣのソフトが使いにくかったからなのだ。状況が変わり、多くの幹部がその変化に気づいていたにもかかわらず、ジョブズは自らを熱烈で有能な開拓者にした、その信念を簡単には捨てることができなかった。ビジネスの生死がかかった土壇場に直面して初めて、目の前の現実が、長年信奉してきた信条を打ち破るに至ったのだ。

「10Ｘ」の変化――テクノロジー

テクノロジーは常に変化する。タイプライターも、自動車も、コンピューターも改良される。概して、このような変化は徐々に進行する。競争相手が次の改良品を出すと、それに応えて自分たちも改良品を出す。今度は相手がそれに応える、というように続いていく。しかし、時としてテクノロジーは飛躍的に変化することがある。以前は不可能だったことが可能になったり、以前よりも「10Ｘ」改良され、あるいは高速に、あるいは格安に同じことができるようになったりする。

過去のことだからこそ明確にわかる、という例を2、3見てみよう。といっても、私がこの本を書いている間もテクノロジーの開発は進み、数年後には同じ規模あるいはさらに大規模な変化をもたらすかもしれない。デジタル・エンタテインメントは、われわれに馴染みのある映画に取って代わるだろうか。デジタル情報は、新聞や雑誌に取って代わるだろうか。ネットバンキングは、伝統的な銀行を過去の遺物にしてしまうのだろうか。ネットワーク化されたコンピューターが広く普及すれば、医療のあり方はすっかり変わるのだろうか。
もちろん、技術的に可能なことのすべてに大きなインパクトがあるわけではない。しかし、これまでにインパクトをもたらしたものがあり、将来そうなるものもあるということだ。

音声、無声映画を乗っ取る

1927年10月6日、『ジャズ・シンガー』が封切られ、「何かが変わった」。それまでの映画には音声がなかった。しかしそのとき、音声がついたのだ。このひとつの質的な変化が、無声映画界の数多くのスターと監督の人生に深刻な影響を与えた。自ら変化を遂げた者もあれば、適応しようとして失敗した者もあった。また、依然として昔のやり方にしがみつき、大きな環境の変化をものともせずに拒絶の姿勢を取り続け、なぜ人々がトーキーを見たがるのかわからないと問うことで、自分たちの振る舞いを正当化する人々もいた。

1931年になっても、チャーリー・チャップリンは依然としてトーキー化の波と戦っていた。その年のあるインタビューで、彼は「トーキーにあと6カ月の猶予を与えてやる」と宣言した[8]。その後もチャップリンは、観客を魅了する演技と持ち前の職人気質で、1930年代を通じて優れた無声映画を制作し、成功を収めた。しかし、チャーリー・チャップリンといえども、永久に持ちこたえることはできなかった。1940年の『独裁者』で、とうとうチャップリンは、声のあるセリフに屈したのである。

ほかの人たちは、迅速にこの変化に順応した。グレタ・ガルボは無声映画のスーパースターだったが、トーキー時代が到来すると、映画会社は1930年にガルボを声のある役で『アンナ・クリスティー』に出演させた。全米各地でこの映画を宣伝した看板には、「ガルボが話す」と高らかに掲げられていた。映画は好評を博し、興行的にも成功を収め、ガルボ自身も無声映画のスターからトーキーへと見事に転身し、その名声を確かなものにした[9]。これほど機敏に戦略転換点を乗り切ることができればと、羨望の念を抱かない企業はないだろう。

しかし、この映画業界も、デジタル技術の到来がもたらす戦略転換点を果たして同じように乗り切ることができるだろうか。デジタル技術が普及すれば、あたかも生きているかに見える、生の声を持つデジタル人間が俳優に取って代わるかもしれない。ピクサーが制作した映画『トイ・ストーリー』は、この方法で何ができるかを示したひとつの例であり、新しいテクノロジーによる初めての長編映画でもある。このテクノロジーによって、3年後、5年後、10年後には何ができるようになっているのだろうか。私は、このテクノロジーが新たな戦略転換点をもたらすと推測する。終わりはないのだ。

海運業の激変

音声が映画業界を変えたように、テクノロジーは世界中の海運業を劇的かつ決定的に変化させた。海運業の長い歴史から見れば、ほんの一瞬ともいえる10年の間に、造船設計の規格化、冷凍船の開発、そして最も重要なコンテナ輸送という大変革が起きたのだ。船荷の積み降ろしを容易にする技術である。これらのすべてが、海運業の生産性に「10X」の変化をもたらし、手の打ちようがなかったコストの上昇傾向を逆転させた[10]。すなわち、それまで港における船荷の積み降ろしは、テクノロジーによる現状打破を待ち望んでいる状態だったのである。それが現実に訪れたのだ。

映画業界と同様、いくつかの港は変化を遂げ、またいくつかの港は変化を試みたものの失敗し、多くの港がこの動きに対して頑なに抵抗した。結果的には、新しいテクノロジーの到来で、世界中の貿易港が再編されることになった[11]。この本を書いている間にも、シンガポールが、地平線に最新の湾港設備のシルエットが浮かぶ、東南アジアの主要貿易港になり、シアトルは、西海岸におけるコンテナ運搬船の主要な港のひとつとなった。一方、かつての主要貿易港で、多数の船を引き寄せていたニューヨークは、最新設備を備える余地がないために減収の道をたどっている。最新技術を取り入れなかった港は、ショッピング・モール、娯楽施設、ウォーターフロントのアパート群などのための再開発候補地になってしまったのである[12]。

戦略転換点の後には、必ず勝者と敗者が生まれる。その港が勝者になるか敗者になるかは、港を巻き込んだテクノロジーの「10X」の力にどう対応したかによることは明らかだ。

PC革命＝否定の物語

テクノロジーの基本ルールは「技術的に可能なことは、いつの日か必ず実現される」ということである。したがって、いったんPCが登場して、ある処理を行うためのコストを「10X」引き下げると、その影響はコンピューター産業の隅々にまで及び、次第に産業そのものを変貌

図4-1　コンピューターのMIPSあたりのコスト

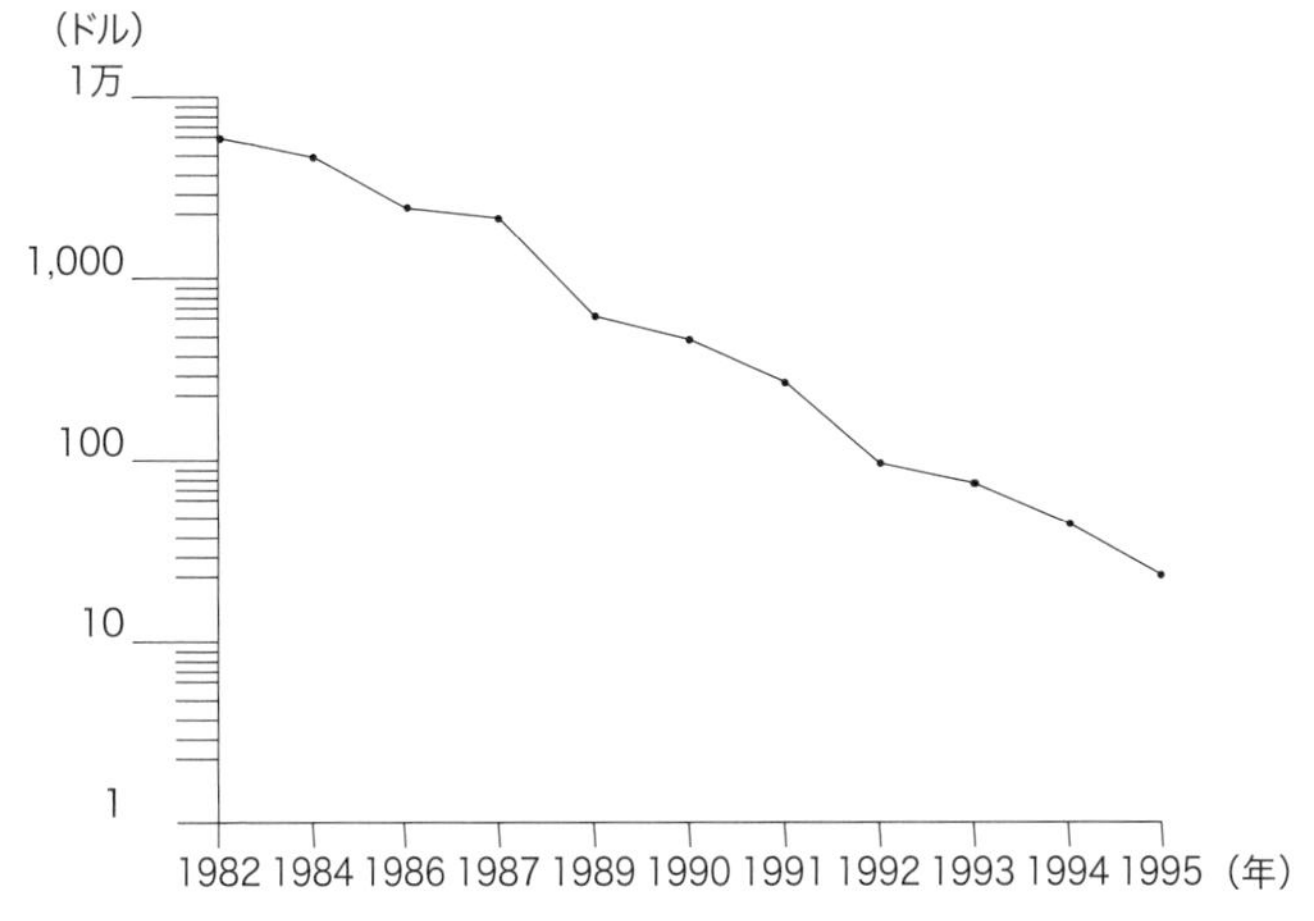

（MIPS：コンピュー処理性能を表す指標）　1996年の全システム価格の算出に基づく
出典：インテル

させてしまった。このような変化は一夜にして起こったわけではなく、コストパフォーマンスは図4－1のグラフが示すように徐々に変化していったのである。

業界には、この動向をいち早く察知し、コストパフォーマンスに優れたマイクロプロセッサー搭載のパソコンが、じきに勝利を収めると判断した人たちがいた。たとえば、NCRやヒューレット・パッカードなどいくつかの企業は、マイクロプロセッサーのパワーを活かして優位に立とうと戦略を修正した。しかしほかの企業は、チャップリンがトーキーを否定したときのように、否定的な立場をとった[13]。

否定の仕方はさまざまだった。1984年、当時最大のミニコンピューター・メーカー、ディジタル・イクイップメントの社長は、まさにチャップリンのようで、PCを「安くて、短命な、しかもあまり精密ではない機械」と表現した[14]。

この姿勢は、ディジタル・イクイップメントの過去を思い起こすといっそう皮肉に聞こえる。ディジタル・イクイップメントは、メインフレームが支配していた1960年代のコンピューター業界に、シンプルな設計と低価格のミニコンピューターを持ち込み、その戦略によって大企業に成長した[15]。しかし、かつてメインフレーム業界を攻める革命を成し遂げたディジタル・イクイップメントも、ビジネス環境に影響を与える新しいテクノロジーの変化に直面すると、メインフレーム時代の継承者たちとともに、この変化に抵抗したのだった。

別の否定の例を示そう。IBMの経営陣は、IBMが1980年代の終わりから1990年代の初めにかけて経営難に陥った原因を、世界経済の低迷によるものだと主張し続けた[16]。PCによって年々コンピューター産業の様相が変化していく間も、彼らは考えを変えなかった。

なぜ、業界でも才気と起業家精神あふれるキャリアで知られた彼らが、テクノロジーがもたらした戦略転換点という現実に直面したとき、厳しい状況に陥ったのだろう。外部の情報から隔離されていたからだろうか。それとも、かつて成功に導いた自分たちの技術を過信して、新しいテクノロジーがどんな変化をもたらしたとしても自分たちの技術で成功すると考えていたからだろうか。あるいは、社員数の大幅削減の必要性など、新しいコンピューター産業が直面するであろう結果を想像することが耐え難かったからだろうか。理由を知ることは難しい。しかし、反応はあまりに共通している。きっとこれらすべての要因が作用しているのだろうが、最後の要因、すなわち新しい世界と向き合う苦痛に対する抵抗が、最も重大な要因だったと私は考える。

チャーリー・チャップリンがついに新しいメディアへ転向したのと極めてよく似た事例がある。めざましい成功を収めたクレイ・スーパーコンピューターの主要設計者だったスティーブ・チェンが、高性能の業界標準マイクロプロセッサーを基に自分の会社を設立した話だ。チェンが籍を置いていたクレイは、世界最高速のスーパーコンピューターの製造を目指していた会社で、古いコンピューター産業の考え方を持ち続ける最後の砦でもあった。チェンは、かつては避けていた技術的アプローチに転じたことについて、多少控え目に、「今回は違うアプローチをとりました」と語ったのだ[17]。

「10X」の変化——顧客

顧客がそれまでの購買習慣を変えることは、最も見えにくく、油断のならない戦略転換点の要因である。なぜ見えにくく、油断できないかといえば、ゆっくりと時間をかけて進行するからだ。ハーバード・ビジネス・スクールのリチャード・テッドロウ教授は、ビジネス上の失敗の歴史を分析し、次のような結論に達した[18]。ビジネスにおける失敗の原因は、ビジネスが顧客から離れたこと、すなわちそれまで機能していた戦略を勝手に変更してしまったか（この場合、変化の原因は明らかである）、あるいは顧客がそのビジネスから離れたか（この場合、変化の原因はとらえ難い）のいずれかである、というものだ。

次のようなことを考えてもらいたい。今日では、米国の若い世代はコンピューターを当たり前のものとして育っている[19]。彼らにとって、マウスを使って操作することは、両親の世代がテレビのボタンを押すのと同じように、至って普通のことだ。また、彼らはコンピューターを気軽に使い、突然の異常終了も大して気にしない。それは、両親が寒い日の朝に車のエンジンがかからなくてもあまり気にしないのと同じである。肩をすくめてぶつぶついいながら、再起動させるだけだ。大学に行けば、彼らは大学のネットワーク・コンピューターから宿題を受け取り、インターネットを使ってリサーチを行い、週末の予定でメールをやり取りして決めるのだ。

消費者を直接の顧客としている企業は、このような若い世代が将来の顧客となることを見越して、若者に浸透しつつある変化、すなわちどのように情報を入手したり生み出したり、仕事の取引をしたり、生活したりしているのか、といったことを常に配慮する必要がある。さもないと、顧客から相手にされなくなってしまう。これは、爆発のときが刻一刻と迫りくる人口統計学上の時限爆弾ではないだろうか。

自動車の好みの変化

変化に気づくことの重要性は今にはじまったことではない。１９２０年代、自動車マーケットはゆっくりと、少しずつ変化していった。ヘンリー・フォードのＴ型モデルのスローガンは、

「It takes you there and brings you back.（お好きなところへお連れします）」だった[20]。これは、基本的な交通手段としての自動車が、元来持っている魅力を端的に表していた。1921年、米国で売られている自動車の過半数はフォード製だった。しかし、第一次世界大戦後、人々の生活の中でスタイルとレジャーが重要な要素になると、ゼネラル・モーターズの社長、アルフレッド・スローンは、「あらゆる財布、あらゆる目的に合った車」がマーケットでは求められていると読んだ[21]。GMは、多様な製品構成と毎年のモデル・チェンジを導入し、1920年代の終わりに、収益、マーケットシェアともに業界トップの座を獲得したのである[22]。そして、その後の60年以上もの間、収益面でフォードを抑え続けたのだ。ゼネラル・モーターズは、マーケットの変化をとらえ、その変化に順応したのである。

態度の変化

顧客層に起こる変化は、時として、顧客の微妙な態度の変化でありながら、あまりにも決定的であるがゆえに、「10X」の力を持つようになる場合もある。振り返れば、1994年のペンティアム・プロセッサーにおける浮動小数点演算の欠陥に対する消費者の反応は、こうした変化の表れだった。インテルの顧客層における重心が、コンピューター・メーカーからコンピューター・ユーザーへと次第に移っていったのだ。1991年に開始した「intel inside」キャンペーンは、コンピューター・ユーザーの間に、実際にインテルから製品を購入していなくても、自分たちはインテルの顧客なのだという考え方を定着させた。これは顧客の態度の変化であり、しかもわれわれがそう仕向けたのだ。しかし、インテル内部にいたわれわれは、そのインパクトを十分には理解していなかったのである。

ペンティアム・プロセッサーの浮動小数点事件は、ほかには影響のない単発の事故、道路にあるでこぼこ、あるいは、電子工学用語を使えば、偶然に発生した意味のない「ノイズ（雑音）」なのだろうか。それとも何か特別な意味のある「シグナル（信号）」、つまりわれわれが製品を売り、サービスを提供している相手に、根本的な変化があったことを知らせる合図なのだろうか。私は後者だと思っている。コンピューター業界は、自分の裁量で製品を買う消費者を相手にするようになったのだ。ほかの家庭用品に求めるものをコンピューター製品にも期待している人たちだ。インテルはこの新しい現実に適応していかなければならなかったし、他社にしてもそうだった。コンピューター業界を取り巻く環境が変わったのである。好運なことに、この業界の市場は以前よりもはるかに大きく成長していた。しかしその一方で、今まで扱い慣れてきた市場よりもはるかに手強くもなっていたのである。

重要なことは、消費者企業にとっての人口統計学上の時限爆弾が、コンピューター業界にとっては幸いするということだ。多数の若者がコンピューター通に成長し、私たちの製品を生活の一部として当然のごとく受け入れている。しかし（何事にもこの〝しかし〟はつきものだ！）、製品に対する要求はいっそう厳しくなり、製品の欠陥や弱点を見抜く目もさらに鋭くなる。コンピューター業界に身を置くすべての者が、この微妙な変化に対して準備を整えているだろうか。私は、確信が持てない。

スーパーコンピューターが被った二重の打撃

6つの力のうち、複数の力が一度に大きく変化することがある。複数の要因が組み合わさると、ひとつの力から引き起こされる戦略転換点よりも、さらに劇的な戦略転換点となることがある。コンピューター産業の中でも、最もパワフルなコンピューターを供給しているスーパーコンピューター業界は、まさにその適例といえる。スーパーコンピューターは、核エネルギーから天気図に至るまで、あらゆる研究に利用されているが、業界の体質は、従来の縦割り型コンピューター業界とよく似ていた。その顧客層は、防衛プロジェクトや大規模なリサーチなどの政府支出に大きく依存していた。

この両者に、ほぼ時を同じくして変化が訪れた。テクノロジーは、マイクロプロセッサー・ベースへ移行し、政府支出は、冷戦終結とともに防衛予算削減の圧力が高まり、すっかり干上がってしまったのだ。その結果、米国のテクノロジーのプライドと喜びの源であり、防衛の大黒柱であった10億ドル産業は、たちまち困難な状況に陥ってしまったのである。このことを如実に示す例として、クレイ・コンピューターがある。スーパーコンピューター時代には崇拝を一身に集めていたシーモア・クレイ設立のこの企業が、資金不足のために操業を続けられなくなってしまったのだ[23]。クレイのケースは、過去にはなばなしい活躍をした人物ほど最後まで変化に適応しようとせず、戦略転換点の論理にも屈しないため、ほかの誰よりも困難な状況に陥りやすいということを示す典型的な例でもある。

「10X」の変化——供給業者

ビジネスにおいて、事業者は供給業者を軽視しがちである。いつでもそこにいて、こちらの要求に応じ、気に入らなければ、もっと要求を受け入れてくれるほかの業者にいつでも乗り換えられると思いがちだ。しかし、テクノロジーや業界構造が変化した場合などには、供給業者の力は増大し、業界そのものに影響を与えることもあるのだ。

航空会社の強気な姿勢

最近、旅行業界の供給業者が、その力を見せつけるようになってきた。旅行業界では、主要な供給業者は航空会社である。これまで航空会社は、旅行代理店にチケット一枚当たり10パーセントの手数料を支払ってきた。航空会社にとってこの手数料は、人件費、燃料費に次いで大きな出費となっていたにもかかわらず、全チケットの約85パーセントを販売する旅行代理店を敵に回したくなかったがために、手数料のレート変更を避けてきたのである。しかし、価格の上昇と業界縮小の波に押され、ついに航空会社は手数料の支払いを制限することを決定した[24]。

旅行代理店は、この大幅な収入減をものともせずに、今まで通りの操業を続けられるのだろうか。航空会社の決定から数日後、米国内最大級の旅行代理店2社が、格安航空券の場合は顧客から手数料を徴収することを決めた[25]。このような価格転嫁は定着するだろうか。手数料カットが一般化し、顧客が方針変更による負担を受け入れなかったら、旅行代理店はどうすればよいのだろうか。ある業界団体は、旅行代理店の40パーセントがこのビジネスから撤退するだろうと予想した[26]。供給業者の行動ひとつで、旅行業界全体を変えてしまうかもしれないほどの戦略転換点が訪れる可能性が出てきたのである。

二次供給ビジネスの終焉

インテルは、マイクロプロセッサーの供給業者としての立場から、二次供給事業への取り組みを変えることで、コンピューター業界の変革を加速させた。

かつてコンピューター業界で一般に行われていた二次供給とは、供給業者が自社製品を広く普及させるために、競合企業側に技術的なノウハウを提供し、競合企業もその製品を供給できるようにすることであった。

不自然とも思われるこの競争手段も、理論的には関係当事者すべてに利益が上がることになっていた。製品の開発者にとって、供給業者の裾野が広がることは、その製品が顧客に広く普及することでもある。一方、二次供給業者、すなわち技術供与を受ける側は小額を支払えば貴重な技術供与を受けられるので、明らかに恩恵を得ることになる。そして製品を購入する顧客にとっては、供給業者の数が大幅に増え、互いに競争するので、結果的に利益を得ることになる。

しかし、実際には物事が理論通りうまくいくとは限らない。製品の供給が市場の需要に追いつかない場合でも、二次供給業者がまだ製品を生産できるようになっていなければ、一次供給業者と顧客は供給増大による恩恵を得られない。また、一次供給業者側で製品がフル生産され、供給が需要に追いつくようになると、二次供給業者も製品を生産しているため、今度は複数の企業が同じ土俵で競うことになる。顧客にとっては歓迎すべき事態になるが、一次供給業者のふところは確実に痛手を被る。この繰り返しなのだ。

1980年代半ば、われわれは、この事業慣行がもたらす不利益が利益よりも大きいということに気づいた。そこで、方針を変更した。厳しい事業環境がわが社の経営を苦しめた（これについては次の章で詳しく述べたい）ことも、この決意を後押しして、わが社は自社の技術に対してそれ相応の報酬を要求することに決めたのである。

競合企業は、それまで実質的にはただ同然で提供されていた技術情報に何らかの支払いが生じることを簡単には受け入れなかった。結果的に、次世代マイクロプロセッサーへの移行時期に、二次供給事業はなくなり、自社のマイクロプロセッサーを自社からのみ顧客に提供することにしたのである。競合企業は、わが社を頼らずに自力で同じような製品を開発するようになったが、それには何年もかかった。

この比較的小さな変更がPC業界全体に与えたインパクトは、桁はずれに大きかった。最も重要な商品、つまりほとんどのパソコンが搭載していた標準マイクロプロセッサーを提供できるのは、その開発業者であるインテルだけになった。この結果、2つの事態が起こった。ひとつは、われわれが顧客に与える影響力が増大したことである。顧客にしてみれば、これは「10X」の力に見えたかもしれない。そして2つめは、ほとんどのPCが一社から供給されるマイクロプロセッサーを搭載して製造されるようになったことで、どれもが似通ってきたことである。その影響は、ソフトウェア開発業者にも及んだ。ソフト開発業者は、多数のメーカーが製造する基本的には似通ったコンピューター向けのソフト開発に注力できるようになったのだ。互換性のある商品としてのコンピューターの登場というコンピューター業界の変革は、共通のマイクロプロセッサーがコンピューターに搭載されたことに大きく起因しているのである。

「10X」の変化――補完企業

自社製品と依存関係にある補完企業のビジネスが、テクノロジーの変化によって影響を受けると、自社にも深刻な影響が及ぶ。パソコン業界とインテルは、両者ともソフト会社と依存関係にある。したがって、技術上の重大な変化がソフト業界に影響を与えれば、補完関係を通じて、その変化はわれわれのビジネスにも影響を与えることが考えられる。

たとえば、今後インターネット用に開発したソフトウェアがますます重要となり、ついにはパソコンにも普及する、と考える人たちが大勢いる。そうなれば、われわれのビジネスも間接的な影響を受けることになるだろう。これについては第9章で詳しく検証してみたい。

「10X」の変化――規制

この章でこれまで述べてきたことは、競争に影響を与える6つの力のひとつが、「10X」の規模で変化した場合、どのような変化が起こり得るかということであった。その全体像が描き出しているのは、自由市場、すなわち、外部機関や政府から法的な規制をいっさい受けていない市場の動きであった。しかし、実際のビジネスの場においては、法的規制の施行と撤廃は、今まで述べてきた変化のいずれにも劣らぬ深刻な変化をもたらすことがある。

市販薬の消滅

米国の医薬品業界の歴史を振り返ってみると、規制によって環境が変化する劇的な例を見ることができる。20世紀初頭には、アルコールや麻薬から作られた市販薬が、その危険性や中毒性を警告するラベルもなしに自由に売られていた。ところが、なんの規制もないことからそうした市販薬が激増したため、ついに政府は薬の内容物を規制し、医薬品製造業者に対し、すべての薬に成分を記載したラベルを貼るよう命じる条文を定めた。そして1906年、純正食品・薬品法が議会を通過した[27]。

医薬品業界は、文字通り一夜にして変わったのだ。ラベル表示が義務づけられると、いくつかの市販薬は、アルコール、モルヒネ、大麻、コカインの混ぜものだったことが明らかになり、業者は製品を製造し直すか、廃棄するかの選択を迫られたのである。医薬品業界の競争は、純正食品・薬品法の条文の登場で一変したのである。それ以降、医薬品ビジネスにとどまろうとする企業は、以前とはまったく異なる知識と技術開発が必要になった。この戦略転換点を通過できた企業もあったが、多くは消滅することになったのである。

通信業界の再編成

規制の変化は、また別の巨大業界のあり方も変えた。米国の通信業界を考えてみよう。

1968年まで、米国の通信業界は事実上独占状態だった。AT&Tは「電話会社」であり、電話機から交換機に至るまでの装置を自社で設計・製造し、地域内、長距離を問わず、すべての通話の接続サービスを一手に引き受けていた。ところが1968年、連邦通信委員会が、電話会社は顧客の敷地内においては自社製品の使用を要求できない、と定めたのである[28]。

この決定は、電話機と交換機システムの様相を一変させた。日本の大手通信会社を含む、各国の通信機器メーカーにビジネスチャンスを与えたのだ。「マ・ベル（お母さんベル）」と親しみを込めて呼ばれていたAT&Tが平穏で順調な独占状態を続けていた事業は、カナダのノーザン・テレコム、日本のNEC、富士通、シリコンバレーのベンチャー企業ROLMのような会社との激しい競争にさらされることになったのである。それまでAT&Tからサービスの一部として受け取っていた電話機は、いまや街角の電気店で買う商品になった。大半は人件費の安いアジアの国々で製造され、実にさまざまな形、サイズ、機能をもって米国に登場し、激しい価格競争が繰り広げられた。そして聞き慣れた一種類のベルの音が、何種類もの耳障りなブザー音に取って代わられたのである。

しかしこれは、この後に起きる大事件のほんの前ぶれにすぎなかった。

1970年代の初頭、AT&TのライバルＭＣＩが起こした非公開の独占禁止法の訴訟申請を受け、米国政府は訴訟を起こし[29]、ベル・システムの解体および、長距離通信サービスと地域通信サービスの分離を要求したのである[30]。連邦裁判所での激しいやり取りは数年続き、AT&Tの苦闘はさらに何年も続くことが予想された。当時のAT&T会長、チャールズ・ブラウンは、ある朝、幹部をひとりずつ呼び、結果もわからないまま何年も企業を法廷にさらすことになるのなら、こちらから自発的に会社の分離を買って出たい、と告げた。1984年、この決定に基づいて、のちに「修正終局判決」として知られることになる判決が下された。連邦裁判官、ハロルド・グリーンはこの判決で、長距離電話会社は7社の地域電話会社と一緒に業務を遂行しなければならないとした。電話サービスの独占は、文字通り一夜にして崩れ去ったのである。

私は当時、交換機システム部にインテルのマイクロプロセッサーを販売するために、AT&Tの現場をあちこち訪ねて回っていた。いまだに鮮明に記憶しているのは、AT&Tの幹部たちのひどく困惑した表情だ。彼らは、キャリアのほとんどをこの仕事だけで過ごしてきた。そのため部門間や幹部間で規範とし、慣例にしてきた財務上のルール、人対人のルール、あるいは社会的なルールが崩れ去った今、どうすればよいのか手掛かりすらまったくつかめないという状態だったのだ。

この出来事が通信業界全体に与えたインパクトもまた、劇的だった。それまで無風状態だったところに、突如、競争状態にある長距離電話業界が生まれたのだ。その後の10年間で、AT&Tの長距離通話の市場は、数多くの競合企業によって40パーセントものシェアを奪われることになった[31]。中にはMCIやスプリントのように数十億ドル規模に成長する企業もあった。各地域の電話システムを扱う「ベビー・ベル（赤ちゃんベル）」とニックネームを付けられた電話会社も新たに設立された。各地で個人や企業向けに地域内の電話接続業務と、競合の長距離通話ネットワークに接続する業務を任された彼らは、いずれも100億ドル規模の収益を上げている。「修正終局判決」は、実施してよい業務、してはならない業務に関するさまざまな規制を遵守することを条件に、ベビー・ベルに地域での独占を認めているわけである。

その後ベビー・ベルは、またもや同じような激変に直面している。テクノロジーの変化が、さらなる規制を促しているからだ。携帯電話の進化と米国の60パーセントの家庭に入り込んだケーブル・ネットワークが、個人に接続する新たな方法を可能にしているのだ[32]。私がこの本を書いている間にも、議会は、このようなテクノロジーの変化が与える影響に懸命に追いつこうとしている。電気通信法がどう書き換えられようとも、また電話業界のチャーリー・チャップリンやシーモア・クレイがどれほど抵抗したとしても、変化は必ずやってくる。そして、戦略転換点の向こう側では、通信業界のあらゆる面で、いまよりも数段激しい競争が行われることになるだろう。

もちろん、振り返って見れば、90年前の医薬品に対する規制や、現在の通信業界の姿を決定した10年前の出来事が、これらの業界にとって戦略転換点であったことを見分けるのは容易なことだ。しかし、今現在立ち向かっている逆境が戦略転換点なのかどうかを判断することは難しい。

民営化

世界の大半は、「規制変革の母」とでも呼びたい〝民営化〟のおかげで、混乱に巻き込まれている。中国、かつてのソ連、そしてイギリスに見られるように、国営の独占企業として長年操業してきた企業が、サインひとつで競争の世界に置かれることになるのだ。彼らには競争の経験はなく、どう競争したらよいのかもまったくわからない。消費者相手に売り込んだ経験もない。そもそも独占企業には顧客のご機嫌を伺う必要などなくて当然なのだ。

AT&Tにしても競争の経験はなく、自分たちの製品やサービスを売り込む必要性もなかった。そこに住むすべての人々が顧客だった。AT&T幹部は、規制された環境の中で育ち、そこで彼らに要求された能力は、規制当局とうまくやっていくことであった。従業員も皆、温情主義の職場環境に慣れきっていたのである。

「修正終局判決」の後に訪れた自由化の時代の10年間で、AT&Tは長距離通話市場の40パーセントを失った。しかし彼らは、その間に消費者に対するマーケティング技術を習得した。現在、AT&Tは新規顧客を開拓するためにテレビで宣伝を行い、AT&Tに接続された通話には必ず「AT&Tをご利用いただきありがとうございます」と告げるようになり、AT&Tだとすぐにわかるような音——温かく、緩やかなポーンという着信音——を取り入れることまでするようになった。かつてはマーケティングとはおよそ無縁だった企業による、世界最高級のマーケティングの例である。

ドイツ国営通信会社であるドイツ連邦テレコムは、1997年末までに自由化される見通しだ〔訳注：1995年に民営化された〕。ドイツテレコムと名称を変更するこの会社の監視委員会は、最近、前途多難な荒海の舵取り役として、45歳になるソニーのコンシューマー・マーケティング・マネジャーを次期CEOとして指名した[33]。この指名は、今後の状況がこれまでと180度変わってしまうことに対する、委員会側の理解の表れであろう。

かつての規制経済の一員であった企業の大半が、突然、競争状態に置かれた場合、変化はいきおい増大することになる。経営陣は、競合製品が世界中でひしめき合っている中、自社のサービスを売り込む能力を磨かなければならない。また、従業員として働く誰もが、地球の反対側にある同じような会社の従業員と、職をめぐって競争しなければならなくなる。これは最大の戦略転換点だ。このような根本的な変化が、いっせいにひとつの経済全体を襲った場合、そのインパクトは計り知れない。このような変化は、国の政治システム全体に影響を与え、さらには社会的規範や人々の生活にも影響を与えることになる。それは旧ソ連や、より統制されていた形で中国でも見ることができる。

本章では、戦略転換点がどこにでも起こり得るものであることを示そうと試みた。戦略転換点が、現代に特有の現象でも、ハイテク産業に限定されたものでも、他人にのみ起こり得るものでもないことを示したかったのだ。戦略転換点はそれぞれ異なってはいるが、共通の特徴を持っている。表4-1は、この章で取り上げた例を簡単にまとめたものである。この表を見ると、戦略転換点がいかに広範囲に、さまざまなかたちで影響を及ぼすかということに驚嘆せざるを得ないだろう。

ここで注目してもらいたいことは、どの事例をとっても、戦略転換点が訪れると必ず、勝者と敗者が生まれるということである。そして勝者となるか、敗者となるかは、その企業の適応能力にかかっているということだ。戦略転換点は、脅威であるとともに将来の成功をも約束する。それは、根本的な変化の時であり、「適応か、死か」という常套句が、その真の意味を発揮する時なのである。

表 4-1　戦略転換点　変化とその結果

例（カテゴリー）	変化したこと	アクション	結果
ウォルマート（競争）	大型店が小さな町に進出	専門店になることで「カテゴリー・キラー」を目指す	ホーム・デポやトイザらスは成功したが、多くは衰退した
ネクスト（競争）	ウィンドウズのパソコンが市場で大きな存在に	ネクストはソフトウェア会社になる	ネクストは小規模ながら高収益の会社として生き残る
トーキー（テクノロジー）	無声映画の終焉	グレタ・ガルボがトーキーに出演	ガルボはスターになるが、ほかの多くのスターは消える
海運業（テクノロジー）	新しいテクノロジーにより生産性が向上	シンガポールとシアトルはコンテナ輸送に適応し、サンフランシスコとニューヨークは適応せず	シンガポールとシアトルの港は繁栄し、サンフランシスコとニューヨークは衰退
パソコン（テクノロジー）	パソコンのコストパフォーマンスが大幅に向上	パソコン中心の事業への転換、あるいはシステム・インテグレーターになる	適応できた会社は成功し、他社は困難に直面する
人口の時限爆弾（顧客）	子どもたちがますますコンピューターに親しむようになる	子ども用の教育や娯楽ソフトが伸びる	コンピューターがどこにでもある存在に
旅行代理店（供給業者）	航空会社が手数料を制限する	旅行代理店が顧客に手数料を請求する	旅行代理店の経済状況が厳しくなる
通信会社（法規制）	機器と長距離通話での競争	AT&T は消費者に対してマーケティングを展開し、競争世界に挑む	AT&T とベルの合計時価総額が、10 年前に比べ 4 倍以上に
民営化（法規制）	政府による独占や助成の終焉	ドイツテレコムが CEO にロン・ソマーを任命	前途多難な調整

第5章 われわれの手でやろうじゃないか？

"WHY NOT DO IT OURSELVES?"

メモリー事業の危機を克服し、われわれは戦略転換点の何たるかを学んだ。

The memory business crisis-and how we dealt with it—is how I learned the meaning of a strategic inflection point.

マネジメント、特に直面する危機を乗り越えるためのマネジメントは、極めて個人的な問題である。

学生時代のことだが、経営学の担当教官が、ある映画のワンシーンを見せてくれた。第二次世界大戦を描いた『頭上の敵機（Twelve O'Clock High）』の一場面だった。その中で、ある新任の指揮官が呼び出され、軍紀を無視して目にあまる行為を繰り返す、自滅寸前の飛行中隊の更生にあたるよう命じられる。任務に向かう途中で指揮官は運転手に車を止めさせ、外に出てたばこを燻（くすぶ）らせた。彼の目は遠くを見つめていた。しばらくして、最後の一服を吸い終わると、彼は投げ捨てたたばこの火を靴のかかとで揉み消し、運転手のほうを振り返って言う。「さぁ、軍曹、出してくれ」。教官は、この場面を何度も何度も繰り返し私たちに見せ、リーダーが決断をするときの様子を非常にうまく描写していると語った。耐え難いほど厳しい変化の中でひとつの集団を導いていくという、困難で、不快で、危険な任務に身を投じるためには、決断することが必要なのだ。その瞬間に、リーダーは何があっても前に進もうと決意するのである。

私はよくこの場面を思い出しては、指揮官に共感したものだ。しかし、この映画を見たときは、まさかこの自分が、似たようなことを2、3年のうちに経験するとは思いもしなかった。私は、危機を乗り越える体験を、個人的なことにとどめておくつもりはない。私が、全身全霊を尽くしながら、戦略転換点とは何なのかをどのようにして学んだか、そこから死ぬほど苦しみながら少しずつでも抜け出す道を見つけるのに何が必要だったか、ということを説明してみたい。必要なのは、客観性と、自分の信念を実現するためには何でもするという前向きな気持ちと、周囲の人たちがその信念を支持する気になるような情熱を持つことだ。大変な仕事に聞こえるかもしれない。実際、その通りなのである。

この章では、インテルがどのようにして社の根幹をなしていた事業から撤退し、方向転換して、まったく別の事業で新たなアイデンティティを築いていったのかを明らかにしていこうと思う。それらは、桁外れに大きな危機の最中に起きたことだった。私は、この体験から戦略転換点におけるマネジメントについて非常に多くを学んだ。この本の残りのページでは、その当時を振り返りながら、学んできたことを解説していきたい。かなり細かい話にもおつき合いいただくことになるが、そこはご勘弁願いたい。事例はインテルに関することだが、そこから学びとれる教訓は万国共通のものであると信じている。

まず、わが社の歴史から話をはじめよう。インテルの創立は1968年。どの企業も、起業の際には核となるアイデアを持っている。われわれの場合はいたって単純だった。当時、半導体技術の進歩によって、一枚のシリコン・チップの上に膨大な数のトランジスタを載せることが可能になっていた。われわれは、この点に将来性を見出したのだ。トランジスタの数が増えるということは消費者に2つの大きなメリットをもたらす。低コストと高性能である。事象を単純化しすぎることの危険を承知で説明すれば、次のようなことであった。おおまかにいって、シリコン・チップは、少数のトランジスタを載せたものでも、多数のトランジスタを載せたものでも、一枚あたりの単価は変わらない。したがって、一枚のチップの上に、より多くのトランジスタを載せれば、トランジスタひとつの単価は安くなる。それだけではない。小さいトランジスタを極めて近い距離に並べることで、電子信号をより速く伝えることができる。つまり、われわれのチップが使われている計算機、VTR、コンピューターなど、どんな機器でもパフォーマンスが高くなるということである。

われわれは、搭載できるトランジスタ数の増大をどう生かすかあれこれ考えてみたが、答えは明らかだった。コンピューター内部で記憶装置の働きをするチップを作るのだ。つまり、チップ一枚の上にできるだけ多くのトランジスタを載せ、そのトランジスタにコンピューターの記憶能力を高める働きをさせるということだ。この方法はほかのいかなる方法よりも、必ず高いコストパフォーマンスが望めるだろうと考えた。そして、世界はいずれわれわれのものになる。

われわれは控えめにスタートした。最初の製品は、64ビットメモリーだった。この数字はタイプミスではない。64個の0と1を記憶できる製品だったのだ。現在作られているものは64 00万個を記憶できるチップだが、それは現在の話で、この話は1968年当時のことなのだ。

インテルが開発をはじめた頃、当時大手のあるコンピューター会社が、まさにそうした装置を作るための提案を募集していた。すでに、業界で名の通っていた企業ばかり6社が入札に参加していた。そこへわれわれは、7番目の入札者として強引に参加したのだ。われわれは、昼夜を問わずチップの設計に没頭した。並行して、製造工程の整備も進めていった。まるで人生のすべてがかかっているような働きぶりだったし、ある意味ではその通りだった。そして、このプロジェクトから初めての64ビットメモリーが誕生した。商品として通用するチップをどこよりも早く開発したことで、われわれは勝ったのだ。これは、インテルの門出を飾る大きな勝利であった。

次にわれわれは、さらにその上をいくチップの開発に力を注いだ。256ビットメモリーである。再び昼も夜もない生活がはじまった。しかも、この時は前よりももっときつかった。だが、多大な努力が実を結び、最初の製品からほどなくして、次の製品を世に送り出すことができた。

これらの製品は1969年当時の技術としては驚異の産物であった。そのため、半導体メーカーのみならず、コンピューター業界に身を置く技術者たちは、ものめずらしさからこれらの製品の両方をひとつずつ試験的に購入したようだった。しかし、量産規模でこれらの製品を購入する企業はほとんどなかった。当時、半導体メモリーはまだ、興味の対象以外の何物でもなかったからだ。そこでわれわれは、資金を使い続け、次のメモリーを開発することにした。

業界の慣習として、次世代のチップには旧世代よりもさらに多くのトランジスタが載せられるのが常だった。そこでわれわれは、今までよりも4倍集積度を上げた1024個のメモリー・チップの製作を目標にしたのである。これには、技術的にいくつかの大きな賭けが必要だった。われわれは、メモリーエンジニア、技術者、テストエンジニア、その他のメンバーを集め、時には波風の立つこともあったが、全力で取り組むためのチームを作った。プレッシャーを感じていたわれわれは、問題解決に費やしたのと同じくらい多くの時間、お互いに言い争ったりもした。こうしてひたすら作業を続けた結果、ついに大成功を収めたのだ。

このチップは大当たりだった。だが、次なる課題が持ち上がった。需要にどう応えていくか、ということだ。その頃われわれは、小さな貸ビルの一角で、斬新な設計や、まだもろさの伴う技術の開発を手がける、ごく小人数の組織だった。そんなわれわれが大手コンピューター会社からの尽きることのない需要に応えるため、必死で製造に取り組んでいたのだ。開発という非常につらい仕事から、間髪を入れずに、シリコン・チップの大量生産をなんとかやり遂げるという悪夢に立ち向かわなければならなかったのである。このチップの名称は1103。今でも、デジタルの腕時計がこの数字を表示すると、私やその時代を乗り越えてきた仲間たちは、当時の記憶をよみがえらせることになる。

売れなかったが技術的に興味深かった最初の2つと、売れはしたが製造段階で非常に手こずった3番めのチップ。これらを通してインテルは一人前の企業になり、チップはひとつの産業になった。当時を振り返ると、困難な技術開発に苦労したことや、それに伴って起きた製品化の問題が、インテルの企業精神に深く刻まれたのは明らかだ。われわれは、問題解決能力を高めることができたし、目に見える成果（われわれは、これを『アウトプット』と呼んでいる）を出すことにはっきりと的を絞るようにもなった。そして、初期の頃に仲間と口論をした経験から、非常に激しい議論をしながらも友人関係を維持する方法を学んだのだ（これを「建設的対決」と呼んでいる)。

先行者となったインテルは、チップ市場の実質100パーセントのシェアを占めていた。しかしその後70年代に入ると、他の企業も参入しはじめ、シェア争いに加わる企業も出てきた。こうした企業はどれも、アメリカの小さな企業で、規模も組織もわれわれと似たようなところだった。たとえば、ユニセン、アドヴァンスト・メモリー・システムズ、モステックといった企業がそれだ。もしかすると、これらの社名にはピンと来ないかもしれないが、それはこれらの企業がはるか昔に姿を消してしまったからだろう。

1970年代の終わりには、10社ほどの企業がこの業界に登場していたと思う。各社ともに最新の技術を駆使して、互いに相手を打ち負かそうとしのぎを削ったものだ。そして、次世代チップを開発できた者が、勝利を手にした。いつも同じ企業とは限らず、常にわれわれが勝っていたわけでもない。当時のある著名な経済評論家は、メモリー業界をボクシングの試合にたとえて批評したものだ。「第2ラウンドの勝者は、インテル。第3ラウンドは、モステック。第4ラウンドは、テキサス・インスツルメンツ。さあ、いよいよ第5ラウンドに入ります」と、こんな具合だった。そして、わが社はシェアを勝ち取った。事業を立ち上げて10年経っても、わが社はメモリー業界を担う主要企業の一社であり続けていた。インテルといえば、メモリー。逆にメモリーといえば、たいがいはインテルを指すようになっていた。

転換点を迎える

1980年代の前半、今度は日本のメモリーメーカーが舞台に登場してきた。実際には、日本企業の参入は1970年代の終わりにすでにはじまっていたが、当初はわれわれ米国企業の生産量不足を補うという役割を担っていた。景気低迷の中、われわれが生産能力向上のための設備投資を手控えていた時期だ。そのため、当時の日本企業の進出には、われわれも救われた。プレッシャーを取り除いてくれたからだ。ところが、1980年代になると状況は一変し、日本企業は総力を挙げて臨んできたのだ。それはすさまじい勢いだった。

事態は変わりはじめたようだった。日本を訪問した人たちからは恐ろしい話を聞かされた。たとえば、日本のある大企業では、巨大なビルが丸ごとメモリー開発事業関連の部署で占められているというのである。各階に異なる世代別のメモリーを同時並行で開発しているというのだ。ある階で16Kメモリーの開発が進められているとすると（この場合のKは1024ビットを示す）、その上のフロアでは64Kメモリー、さらにその上では256Kメモリーの開発が行われている、といった具合だ。おまけに、100万ビットのメモリーを開発するプロジェクトが密かに進められている、という噂まで流れていた。こうしたことのすべてが、大変な脅威だった。われわれにしてみれば、インテルはまだカリフォルニアのサンタクララにある小さな会社だったからだ。

その後、われわれは品質に関する問題に突き当たった。日本製メモリーのほうが品質が安定していて、アメリカ製よりはるかに優れていると、ヒューレット・パッカードの経営陣から報告されたのだ。確かに日本製メモリーの品質は、われわれが実現可能と考えるレベルを超えていた。われわれの最初の反応は、「否定すること」だった。そんなことはありえない、と。この種の状況に陥った者なら誰もがするように、われわれはその縁起でもないデータを激しく攻撃した。自分たち自身でその報告に間違いがないことを確認して初めて、製品の品質向上に取り組みはじめたのである。だが、そのときにはすでに大きく遅れをとっていた。

それだけでは不十分だと言わんばかりに、日本企業は資金力でも優位に立っていた。彼らの資金源は無尽蔵だった（少なくとも、そう噂されていた）。政府の援助なのか。親会社が、他部門の収益を回しているのか。あるいは、輸出型メーカーはわずかなコストで資金調達が可能だという、日本の不可解な金融市場の仕組みによるものなのか。これらがどう作用していたのか、正確なことはわからない。しかし、事実に議論の入り込む余地はなかった。1980年代も進むと、日本のメーカーは大規模な最新鋭工場を建設しはじめ、生産基盤を積み上げていったのである。これには恐ろしさを感じざるを得なかった。

メモリーの波に乗った日本のメーカーは、われわれの目の前で、世界中の半導体市場を乗っ取ろうとしていたのだ。とはいえ、彼らの国際市場への進出は、一夜にして起こったわけではない。図5-1に示したように、それは10年以上の年月をかけてのことだった。

図5-1　半導体の国際市場シェア

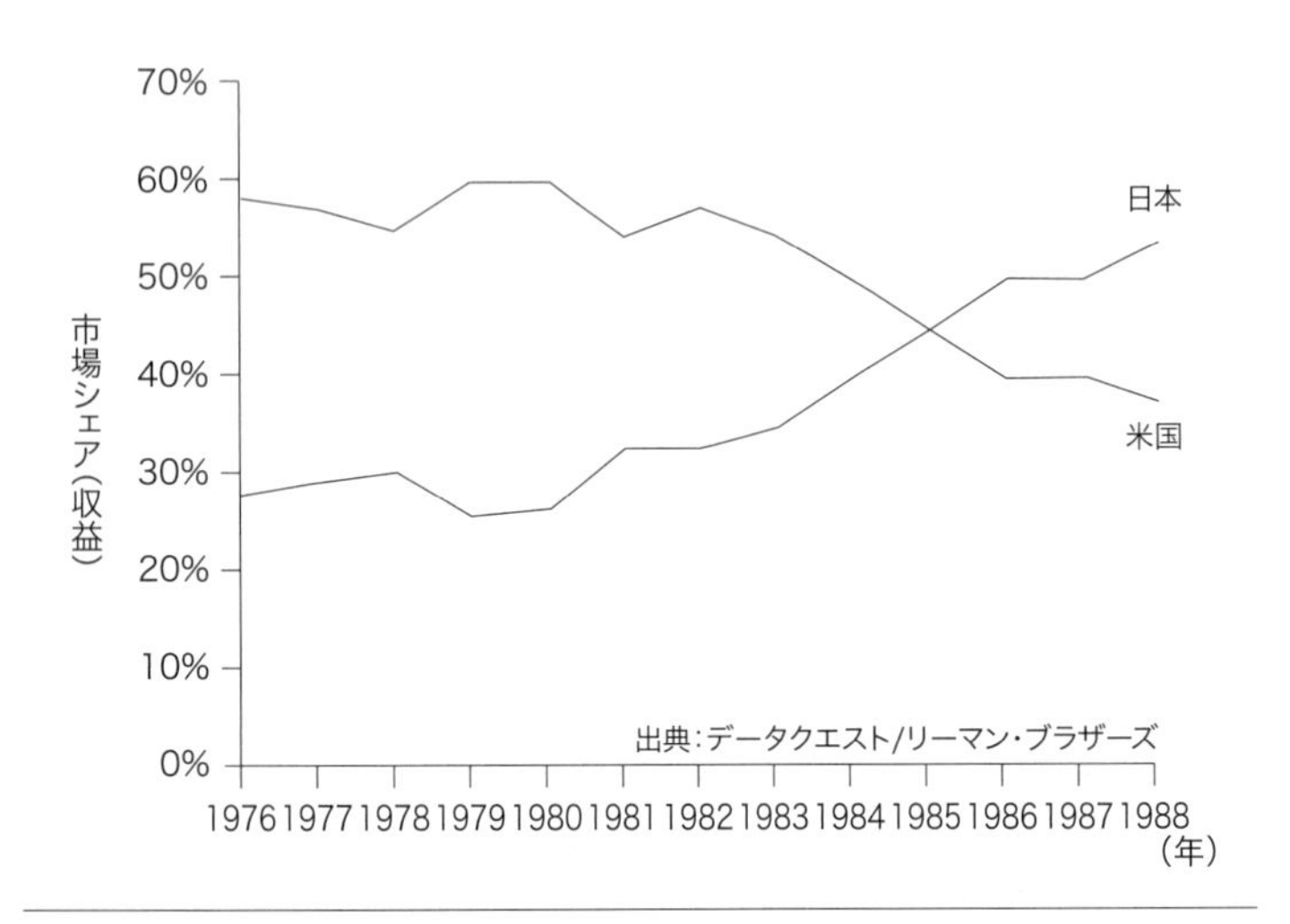

われわれは懸命に戦った。品質の改善を行い、コストダウンにも取り組んだ。だが、日本のメーカーも負けてはいなかった。彼らの最大の武器は、高品質の製品を、驚くような安値で提供できることだった。あるときわれわれは、日本の大企業が販売部に宛てた社内メモを手にしたことがある。そのメモはこう呼びかけていた。「10パーセントルールで勝とう……AMD（別のアメリカ企業）とインテルの足元を見よ。……両社より10パーセント低い価格を提示しよう……もし両社が値下げしたら…再度10パーセント下げよう……勝つまで続けよう！」［1］

この種の出来事は明らかに気が滅入るものだったが、それでもわれわれは戦い続け、あらゆることを試みた。メモリー市場のニッチに注目しようとしたり、付加価値設計と呼ばれる特殊領域メモリーの開発にも挑戦したりした。そして、新しい技術を生み出し、その技術を駆使したメモリーを完成させた。なんとか自分たちの商品にプレミアムを付けたいと死にもの狂いだった。日本との単なる値下げ競争には勝ち目がなかったからだ。当時、社内ではこんなことが言われていた。「もし良い製品を開発すれば、日本製メモリーの2X（2倍）の値がつくかもしれない[2]。しかし、日本製品の価格自体が下がっていけば、2倍の値がついたところで、たいした利益にはならない」

ここで一番重要なことは、われわれが今まで通りR&D、すなわち研究開発に重点を置いていたということだ。結局のところ、われわれはテクノロジーを基盤としている企業であり、すべての問題は技術的に解決できると考えていた。当時、われわれの研究開発部門は、3種類のテクノロジーを扱っていた。ほとんどはメモリー開発のためのものだったが、1970年代に開発した別のデバイスの技術開発も、小人数のチームで並行して進められていた。マイクロプロセッサーである。マイクロプロセッサーはコンピューターの頭脳だ。メモリーが単に記憶するのに対して、マイクロプロセッサーは演算する。どちらも、類似したシリコン・チップ技術を用いて作られてはいるが、設計方法が異なる。マイクロプロセッサーの市場はメモリー市場よりも低成長で小規模だったため、当時のわれわれは、こちらの技術開発にあまり重きを置いていなかった。

大がかりなメモリーの開発はオレゴンの新しい施設で行われていたが、マイクロプロセッサーの開発者たちは、遠隔地にある製造部門の新しいとはいえない施設を共用していた。わが社のアイデンティティが優先順位を決めていた。つまり、メモリーこそがわが社だったのだ。

メモリーの開発戦線は厳しかったが、会社の経営はまだ好調だった。1981年当時、われわれが先陣をきって開発を進めていたマイクロプロセッサーは、最初のIBM PCの設計に組み込まれ、このPCは、IBMの予想をはるかに超える人気商品になった。IBMは、引き続きIBM PCの生産量拡大のため、われわれに協力を求めてきた。IBM PCの競合メーカーも同様だった。1983年から1984年の初めにかけて、市場は非常に活気づいていた。わが社の製品はいつも品不足だった。注文が殺到し、供給を保証する予約はずっと先まで一杯だった。われわれは急遽、大量生産を可能にするために、数カ所で工場の建設に着手し、増員して生産体制を整えた。

ところが、1984年の秋、そのすべてが変化したのである。ビジネスそのものが低迷しはじめたのだ。もはや、チップなど誰も必要としていないようだった。まるで春先の雪が解けてなくなるように、次々と予約が消えていった。一時は信じられなかったが、生産の削減にとりかかった。しかし、長期間かけて築き上げた体制は、市場の縮小に合わせて迅速に供給量を減らすことができなかった。業績が悪化していたにもかかわらず、在庫を積み上げ続けたのだった。

高品質、低価格、大量生産を武器とする日本製メモリーと戦っているうちに、損失は次第に膨らんでいた。しかし、経営は順調に推移していたので、プレミアム価格をつけられるような魔法の解決策を探し続けた。われわれがねばり続けてこられたのは、資金的余裕があったからだ。だが、いったん業界全体が低迷期にさしかかり、ほかの製品でも巻き返しを図れなくなると、その損失額が大きな痛手となってきた。大損失を阻止できるような手だてとなる新しいメモリー戦略が、今すぐにでも必要だった。

何度ミーティングを重ねて議論を戦わせても、意見の対立を見るだけだった。あるグループの提案は、名付けて「一か八かやってみよう戦法」というものだった。「メモリーだけを生産する巨大な工場を建設して、日本製品を打ち負かそう」という提案だった。また別の意見もあった。周到に準備し、型破りなテクノロジーを用いる違った意味での「一か八かやってみよう戦法」。こちらは生産面ではなく技術面で勝負し、日本の生産者が作れないものを製造しようという提案だった。なかには、これから先も特殊領域のメモリー開発でならば生き残れるだろうと信じている者もいた。しかし、メモリーが世界中で標準化された消費財になっていた当時、そうした可能性はますます薄れていくと思われた。こうした議論を戦わせる間にも資金は出ていく一方だった。その年は、本当に険しい、いらいらする一年だった。当時のわれわれは、どのようにすれば状況が良くなるのかという明確な考えもなしに、ただがむしゃらに働くだけだった。途方にくれたまま、死の谷をさまよい歩いていたのだ。

目標もなく迷っている状態がすでに一年近く続いていた、1985年半ばのある日のことだ。私は自分のオフィスで、わが社の会長兼CEOであったゴードン・ムーアとこの苦境について議論していた。そこには悲観的なムードが漂っていた。私は窓の外に視線を移し、遠くで回っているグレート・アメリカ遊園地の大観覧車を見つめてから、再びゴードンに向かってこう尋ねた。

「もしわれわれが追い出され、取締役会が新しいCEOを任命したとしたら、その男は、いったいどんな策を取ると思うかい？」

ゴードンはきっぱりとこう答えた。

「メモリー事業からの撤退だろうな」。私は彼をじっと見つめた。悲しみも怒りももはや何も感じられないまま、私は言った。

「一度ドアの外に出て、戻ってこよう。そして、それをわれわれの手でやろうじゃないか」

生き残りへの道

この一言とゴードンの後押しを受け、われわれはつらく険しい旅に乗り出した。正直なところ、メモリー事業からの撤退の可能性を仲間たちに話そうとしても、ことばを濁さずに口にするのには心底苦心した。あまりにも難しい一言だった。インテルとメモリーとは、切っても切れない関係だった。自分たちのアイデンティティを放棄することなどできるだろうか。メモリー事業以外で、わが社は企業としてやっていけるのだろうか。想像すらできないことだった。ゴードンに対して一言口にするのと、ほかのメンバーに話して実行に移すのとではわけが違った。

この方針について切り出すと、私自身が口ごもっているだけでなく、社員も私の言おうとすることを聞きたがっていないということに気づいた。私がはっきり言えずにいることを相手も聞きたくないのだと思うと、ますますいら立ちを感じ、いっそうぶっきらぼうで直接的なことばになっていった。私がそうなればなるほど、明に暗に、抵抗を受けることになってしまった。

われわれは際限なく議論を重ねた。話し合いの最後に、上級管理職のひとりに、この問題についてのわれわれのとるべき立場をまとめるように指示したことがあった。決定を受け入れられずに煮え切らない態度をとっていた彼に報告書を書かせれば、決定の正当性に気づかせられると考えたのだ。しかし、結果は失敗に終わった。そんな非現実的なやり取りを続けているうちに、月日は過ぎていった。

インテルの地方拠点へ出かけたとき、そこの上級管理職といつものように夕食をともにした。彼らはメモリー事業に対する私の考えを知りたがっていたが、私には、まだ撤退を発表する心構えができていなかった。というのも、当時はまだ撤退にまつわるさまざまなことを検討しはじめたばかりの段階で、仮に撤退が決まった場合、目の前にいるこうした社員に、どのような仕事を提供していけるのか、皆目見当もついていなかったからだ。だが、もう事態を否定する素振りはできなかった。私が仕方なしに曖昧で否定的な態度を取っていると、彼らはすぐにピンと来たらしく、ひとりが問いただしてきた。「メモリー事業なしでも、インテルはやっていけると考えているのですか」。私は冷静さを装いながら答えた。「その通り。できると思う」。蜂の巣をつついたような騒ぎになった。

わが社には、宗教の教義にも似た2つの信念があった。そのどちらも、わが社の製造と販売の主軸であるメモリー事業の重要性と深く結びついていた。ひとつは、メモリーは「技術力の牽引役」であるという考えだ。つまり、われわれはいつも、まずメモリーを使って技術の開発、改良を行ってきた。メモリーなら容易にテストを行えたからだ。最初にメモリーで欠陥を取り除き、その技術をマイクロプロセッサーやほかの製品に用いていたのだ。もうひとつの信念は、「十分な商品構成」だ。販売担当者が顧客に対して良い仕事をするためには、十分な商品構成が欠かせないという考えだった。もし、この体制が整っていなければ、顧客はそれを提供している競合他社から購入することになるだろう。

この2つの強い信念があっては、メモリー事業からの撤退について、心を開いて理性的な議論が進められるはずはなかった。これからは、何を技術力の牽引役とすればよいのだろうか。中途半端な商品構成が不完全で、どうやって販売担当者は仕事をしていけばよいのだろうか。

以上が、その晩の夕食会での出来事だ。この夜は、この2つの問題が堂々巡りするばかりで、彼らも私も、お互いに不満を募らせていくだけだった。

この問題を議論すると、いつもこんな具合になった。事実、メモリー事業を担当していた上級管理職は、何カ月も議論を重ねても方針を受け入れられずにいた。結局、彼には別の企業からオファーがあり、彼もそれに応じた。後任には、やってほしいことをはっきり説明した。「メモリーからの撤退だ!」。この時には、すでに何カ月間も続いたつらい議論を経験した後だったので、自分の考えを明らかにすることは難しくなくなっていた。しかし、その新任上級管理職もまた、状況をよく理解するようになっても、半歩先にしか進めなかった。今後、新製品についての研究開発は行わないと彼は皆に告げた。にもかかわらず彼は、私を説得して今進行中の研究については終了するまで続けることを決めさせた。言い換えれば、お互いに販売の予定がないとわかっている製品の開発を続けるよう、私を説得したのだ。すでに進む道は決まったと思っていたつもりが、気持ちの上では、まだ2人とも新しい方向へ全力を傾けるのをためらっていたのである。

このような大がかりな改革は、もっと小さないくつもの段階を経て遂行しなくてはならない、と自分に言い聞かせた。ところが、ほんの数カ月のうちに、われわれは避けられない結論に達してしまった。つまり、このような中途半端な状態でいることは、もはや不可能であり、メモリー事業から一斉に撤退するという最終的な決意を、経営側だけでなく、組織全体で固めたのである。

断腸の思いで、メモリー事業の顧客へこの決定を通知するよう営業担当者に指示した。とはいえ、これは、われわれにとって大きな心配の種だった。はたして顧客はどのような反応を示すのだろうか。顧客は自分たちの存在を軽視されたと思い、今後の取引をすべてやめてしまうのだろうか。ところがふたを開けてみると、その反応は気の抜けるほど穏やかなものだった。顧客は、われわれが市場であまり大きな位置を占めていないということを知っていて、撤退の可能性をある程度予測していたのである。顧客の大半は、すでに他社との取引を準備していた。

われわれの決定を伝えると、「やっと決まりましたか」と答えた人もいたほどだった。感情的なしがらみを持たない立場の人たちには、こうした決断はもっと早く下されて当然だと映っていたのである。

こうしたことは、今日のＣＥＯクラスの人材が激しく入れ替わっていることと密接に関係しているると思う。ほとんど毎日のように、長年ビジネスキャリアを積み重ねてきたリーダーたちの退任発表を耳にする。その多くは戦略転換点と思われる時期をなんとかくぐり抜けようとしている企業だ。そして、ほとんどの場合、後任のＣＥＯは社外から招き入れられている。

新しく入ってくる人たちが、経営者やリーダーとして前任者より能力があるとは限らないだろう。しかし、ひとつだけ前任者より確実に優れている点があり、それがおそらく非常に重要な点なのだ。それは、自分の全人生を会社とともに過ごし、現状の混乱の原因に深く関わってしまった前任者と違い、新しい経営者には思い入れやしがらみがない、という点だ。すなわち、現況においても割り切ったものの考え方ができ、前任者よりはるかに客観的に物事をとらえることができるのである。

したがって、ビジネスの基盤が根底から覆される状況で、その時の経営陣が引き続き経営に関わっていきたいと望むならば、知的で客観的な部外者の目を持たなくてはならないのだ。経営者は、過去の感情的なしがらみにとらわれずに、戦略転換点をくぐり抜けるために必要なことをしなければならない。ゴードンと私が、いったんドアの外に出て、たばこを燻(くすぶ)らせ、かかとで火を揉み消してから、仕事に戻って来なければならなかったように。

ドアから戻って来たとき、われわれが新たに考えなければならなかった問題は、メモリーから撤退した後、今度は何に力を注ぐべきなのかということだった。マイクロプロセッサーが、その最有力候補だった。すでにわれわれは、5年近くの間、IBM製と互換性のあるパソコンにマイクロプロセッサーを供給し続け、その市場で最大のシェアを持っていた。しかも、次の主力マイクロプロセッサー386の生産準備もすでに整っていた。前にも述べたが、マイクロプロセッサーは古い生産工場の片隅で研究された技術を基に開発されたものだ。オレゴン州の最新鋭の工場で開発に取り組んでいれば、本当はもっと優れたものになっていたのだろうが、その工場はそれまでメモリー開発でフル稼働していたのだ。メモリー事業からの撤退が決まり、オレゴンのメモリー開発チームに、マイクロプロセッサー386を速く、安く、高品質に生産するためにメモリーの製造工程を組み替えるよう指示することになった。当時のインテルで、彼らは最も優秀な研究者グループだった。

そこで、私はオレゴン州へと向かった。研究者たちは、この先自分たちの処遇がどうなるのかを気にしながらも、メモリー開発者としての思いが優先し、馴染みの薄かったマイクロプロセッサーに対してはあまり興味を示せないようだった。私は、彼ら全員を講堂に集めてスピーチを行った。テーマは、「メインストリーム（主力商品）へようこそ」。その中で私は、これからのインテルの主力商品はマイクロプロセッサーであると語った。マイクロプロセッサーの開発に参加すれば、インテルの根幹をなす事業に携わることになると伝えたのである。

予想していたより、ずっとうまく事は運んだ。彼らは、顧客と同じように、トップ経営陣のわれわれがその問題に直面する前に、すでに避けられない状況にあることを感じ取っていたのだ。彼らの表情には、会社が力を入れてもいない製品にこれ以上取り組まなくても済む、という一種の安堵感さえ漂っていた。このグループは、実際、マイクロプロセッサーの開発に全力を注ぎ、かつてない最高の仕事を成し遂げたのである。

もちろん、すべてが同じようにうまくいったわけではない。大変困難な時期だったし、膨大な資金を失った。何千人もの従業員も解雇しなければならなかった。メモリーを製造するシリコン加工工場は、差し迫った使用目的がなかったために閉鎖せざるを得なかった。また、メモリー生産関連の組み立て工場や試験場も閉鎖した。これらの施設は最も古くからある工場でもあったので、われわれのビジネスにとってはもはや立地も悪く規模も小さくなってしまっていた。結果的に、閉鎖によって工場のネットワークを近代化する機会にもなった。しかし、これもまた大変心の痛む決断だった。

振り返って

メモリー事業の危機を経験して、それを乗り越えようと試行錯誤しながら、戦略転換点がどういうものであるのかを学んだ。それは、本当に個人的な体験だった。それまで体験してきたものより「10X」の強い力に直面したとき、わが身の弱さと頼りなさを悟った。事業の何かが根底から変化し、それに飲み込まれ混乱に陥ったこともあった。過去にはうまくいったことが、もはやそうはいかなくなったとき、フラストレーションを感じた。まわりの人間に新たな現実を説明しなければならないときには、どうしようもなく絶望的な気分になって、そこから逃げ出したくなる衝動に駆られもした。そして、この先どうなるかわからなくても、新しい方向に向かって歯を食いしばって懸命に進むことの高揚感も体験した。すべてがつらい経験だったが、私を経営者として成長させてくれた。

基本的な原則もいくつか学んだ。

戦略転換点の「点」という表現は必ずしも正確ではないということも実感した。この転換期は一時点ではなく、実際には、長く続く苦しい戦いだったからだ。

この例の場合、日本企業がメモリー事業でわれわれを打ち負かしはじめたのが1980年代前半。インテルの業績が落ち込みはじめたのは、コンピューター業界全体が低迷していた1984年半ば。ゴードン・ムーアとの間に前述のようなやり取りがあったのが1985年半ばだった。メモリー事業からの撤退を行うのに1986年半ばまでかかり、利益を再び出すまでにはさらに一年かかった。戦略転換点を乗り越えるまでに、合計3年が費やされた計算になる。10年経った今だからこそ、短く激しい一時期のように思えるが、その当時は、長くて険しい、そして無駄な3年間に感じたものだ。この泥沼のような状況から逃れようと闘い、マーケティングの知恵を絞り、汎用品の市場には存在していないニッチを探した。しかし、それは時間の浪費に過ぎなかった。赤字は膨らむ一方で、やっと適切な手を打とうとする頃には、まわりの状況はさらに厳しいものになっていたのだ。立ち向かっていかなくてはならないものが何であるかは、たった一度の話し合いで口をついて出たひらめきで実感していたはずなのに、それを実行し、成果を得るのには何年もかかった。

戦略転換点とは、当事者にとっては苦しい時期だが、発射台から飛び出し、より高いレベルに上昇することができるチャンスでもある。もし、われわれがビジネス戦略の転換を行わなかったとしたら、厳しい生存競争へと追いやられ、おそらく業界でも低い位置に甘んじることになっていただろう。われわれの場合は、力強い動きをとることで、自分たちにとって物事が非常にうまく進んだのである。

最終的に、どんな結果を迎えたのかを話そう。例の386は非常に素晴らしい成功を収め、インテルの記録を塗り変えるような最高のマイクロプロセッサーとなった。これは、オレゴン州の元メモリー開発チームが成し遂げた成果だ。

われわれは、もはや半導体メモリー企業ではなくなった。企業としての新しい存在価値を模索しはじめると、自分たちがすでにマイクロプロセッサー事業に全力を注ぎ込んでいることに気づいた。われわれは、「マイクロコンピューター会社」として自分たちを売り込んでいくことに方針を決めて、研究報告書や広告といった社外向け文書から手をつけはじめた[3]。数年のうちに、386の驚異的な成功によって、経営陣やほとんどの社員たちは、インテルをマイクロプロセッサーの会社と自認するようになっていった。そして、最終的には、外部からもそう見られるようになったのだ。

1992年には、マイクロプロセッサーの成功によって、われわれは世界最大の半導体メーカーになった。メモリーの分野でわれわれを打ち負かした日本企業よりも、その規模は大きかった。そして、現在ではマイクロプロセッサーの会社としての存在感が強すぎて、その他の商品に気づいてもらえないほどにまでなった。

もし、もっと長く迷い続けていたとしたら、このようなチャンスとは無縁だっただろう。メモリー事業のシェアが落ちていくのをくい止めようと果敢に打って出るか、あるいは急激に拡大しているマイクロプロセッサー市場に、見劣りのする技術で参入を図るか、2つにひとつの選択で迷っていたかもしれない。決断を下さないままでいたら、どちらのビジネスも失うことになっていたかもしれないのだ。

最後に、最も大切な教訓を述べよう。インテルの事業内容が変化し、経営陣がより高度なメモリー戦略をめぐる議論を戦わせ、勝算のない戦争をどう戦えばいいか模索し続けていたころ、われわれの知らないところで、組織を下から支える社員たちは、戦略転換を実行する準備をしていたのだ。そのおかげで、われわれは生き残り、素晴しい未来を手に入れることができたのである。

何年もの間、経営陣が特別な戦略上の方針として指示したからではなく、中間管理職の日々の小さな決断により、拡大するマイクロプロセッサー事業により多くの生産資源が投入されるようになっていた。生産計画の担当者や財務の担当者たちは机を囲み、生産資源をどう配分するかで議論を続け、損失を出していたメモリー事業から、マイクロプロセッサーのような利益率の高い商品ラインへと、シリコンウェハー製造能力を少しずつ移行させていた。彼らのような中間管理職が、毎日の仕事の中でインテルの戦略的な姿勢を調整していたのである。われわれがメモリー事業からの撤退を決めたときには、すでに8つあったシリコン加工工場のうち、メモリー用工場はわずか一カ所しか残っていなかった。彼らの行動があったからこそ、撤退の決断がもたらす結果がそれほど深刻なものにならずに済んだのである。

この例が特別なのではない。第一線で働いている人々は、たいてい迫り来る変化にいち早く気づくものだ。営業担当者は、経営者よりも早く顧客の要求の変化を察知するし、財務分析担当者は、事業基盤の変化を最も早く知る。

過去の成功を通して築き上げた信念が妨げとなって、経営者が身動きできなくなっている間に、生産計画担当者と財務分析担当者は、客観的な視点で資源配分と数字に取り組んでいたのだ。一方でわれわれトップは、景気の低迷や容赦ない赤字にさらされてはじめて、過去を払拭し、全面的に再出発しようと勇気を奮い立たせることができたのだった。

われわれが特別なのだろうか。私はそうは思わない。インテルは、優れた経営管理を実践している企業であり、強い企業文化、優秀な社員、素晴らしい業績を誇っている。そろそろ創業17年めを迎える頃だった。この17年間に、巨大な事業領域をいくつも創造してきたのだ。われわれは本当によくやってきた。しかし、戦略転換点を迎えたとき、あやうくそれを見逃すところでもあった。もし気づかずにいたら、ユニセン、モステック、アドヴァンスト・メモリー・システムズなどと同じ道をたどることになっていただろう。

第6章
「シグナル」か、「ノイズ」か
"Signal" or "Noise"?

シグナルを見分ける唯一の方法は、広く深く議論することである。

How do we know whether a change signals a strategic inflection point? The only way is through the process of clarification that comes from broad and intensive debate.

変化が戦略転換点になるのはどんな時だろうか。企業経営は、いつも変化にさらされている。小さな変化もあれば、大きな変化もある。一時的な場合もあれば、新しい時代の幕開けである場合もある。企業はどのような変化にも対応していかなければならないが、全部が全部、戦略転換点というわけではない。

ある一連の変化が何を意味しているかを知る方法はあるのだろうか。別の言葉で言えば、本当の「シグナル」とただの「ノイズ」をどう見分けるかということである。

X線技術は「10X」の力か

数年前のことだ。IBMの主だった技術者が、インテル他数社の技術者に次のような話をしたことがある。日本の半導体メーカーが、今までの技術では不可能な、超微細加工を施した半導体を生産するための巨大な施設の建設に莫大な投資をしているというのだ。これらの設備では、普通の光ではなくX線を使うことで半導体の特性を向上させるという。IBMのスタッフによれば、日本企業はこうした工場を十数カ所に建設しているとのことだった。この動きに、彼らは大変な危機感を抱いていた。というのも、X線技術によって半導体の製造方法が根本的に変わり、これを境に米国の半導体メーカーが取り残されることになるのではないかと考えていたからだ。もしこの見方が正しければ、X線は「10X」の力を持つテクノロジーとして、われわれが立ち直れないような転換点をもたらすことになる。

IBMは、日本企業によるこれらの開発を深刻な危機としてとらえ、自分たちもX線装置に大規模な投資を行うことを決断した。わが社も、この話を深刻に受け止めた。というのも、IBMの技術陣は極めて優秀であり、その彼らが脅威と考えていることは、われわれにとっても不吉な兆候だったからだ。しかも、そういう見方をしていたのは、彼らだけではなかった。しかしながら、検討の結果、インテルの技術者たちはX線技術にはいくつかの問題があり、投資に値しないと判断した。ここで最も重要だったのは、彼らが、現在の技術を発展させれば将来の半導体の進化に対応できると考えていたことだった。

X線技術の脅威に対するIBMとインテルの反応は、ある企業が「シグナル」としてとらえたものを、別の企業は「ノイズ」としてとらえたということを示している。そしてわれわれは、X線技術を追求しないことにした(10年後の今日から見ると、われわれが正しかったようだ。本書を書いている現在、私が知る限りにおいてIBMも日本企業も近い将来にX線で半導体を生産する計画はない)。

このケースでは、有能な人間が真剣に同じ事実を検討した結果、異なる結論に達している。こうしたことは、決して珍しいことではない。要するに、ある事象がシグナルなのかノイズなのかを判断する絶対的な方程式などはないということなのだ。方程式がないからこそ、どんな決断を下すにも慎重に検討を重ね、時間の経過とともに再検討することが必要なのだ。10年前われわれは、X線技術が「10X」の要素にはならないという結論を下した。しかし、われわれはその問題をずっと注視し続けている。脅威は大きくなっているのか、小さくなっているのか、あるいは変わらないのか、注意を払ってきたのである。

自分の周囲で起こっている変化（技術的なものであれ、なんであれ）を、レーダーの画面上に輝く点だと考えてみよう。最初はその輝点が何なのかわからなくても、ずっとレーダーを監視し、その点が近づいてきているのであれば、速度はどれくらいか、どんな形状をしているのかを見極めようとするだろう。たとえその点がすぐそばで停滞しているだけだとしても、いつ進路や速度が変わるかもしれないのだから、目を離すことはできない。

X線技術についても同じことがいえる。それは何年もの間、われわれのレーダーに映っていたし、今もまだ輝いている。われわれは、今でもそこに投資する必要はないと考えている。しかし、1年後、3年後、5年後になって、コストパフォーマンスの高いほかの手段を研究し尽くした時点で、バランスが変わって以前ならノイズと判断して正しかったものが、注意しなければならないシグナルに変わっている可能性も十分にあるのだ。こうした事柄は型にはまった明確なものではなく、仮にそうだとしても、ものごとは変わるものだ。したがって、ビジネスに「10X」の力をもたらす可能性のある新たな事態には、絶えず注意を払わなければならないのである。

ＲＩＳＣ対ＣＩＳＣ

「10Ｘ」の要因となる可能性がある例として、Ｘ線技術の問題は比較的単純だった。ＩＢＭの技術者たちは彼らなりの見解を持ち、対するインテルの技術者たちもまた独自の見解を持っていた。われわれは全社的な判断に基づいてなすべき決定をしたまでだ。

しかし、他社と見解が異なるだけでなく、社内でも見解が分かれる場合、事態ははるかに複雑になる。そのよい例が、「ＲＩＳＣ」対「ＣＩＳＣ」論争である（現在でもまだ続いている）。ＲＩＳＣとＣＩＳＣとは、一般にはあまり知られていないコンピューター用語の頭文字をとったものであり、Reduced Instruction Set Computer（縮小命令セット・コンピューター：基本的な簡易命令しか持たないコンピューター）とComplex Instruction Set Computer（ＲＩＳＣの対語：複雑な命令を数多く備えたコンピューター）のことである。ここではこの２つの用語が、コンピューター、つまりはマイクロプロセッサーの２つの設計方法を表すものと理解してもらえればそれで十分だ。

この２つのうちどちらが優れているかという論争は、コンピューター業界をほぼ完全に二分していた。ＣＩＳＣは従来型のアプローチであり、ＲＩＳＣはより新しい技術だった。ＣＩＳＣの場合、ＲＩＳＣと同等の性能を発揮するには、ＲＩＳＣよりもかなり多くのトランジスタを必要とした。

インテルのチップは、従来からあるＣＩＳＣ方式をベースにしていた。他社が１９８０年代後半にＲＩＳＣ技術を追求しはじめた頃は、当時最新だったインテル・マイクロプロセッサー３８６が市場で販売されており、次世代のインテル・マイクロプロセッサー４８６は開発段階にあった。４８６は３８６と同じアーキテクチャーに基づいていて、より進化した製品で性能も改善されていた。インテルではなによりも重要だった。３８６と同じソフトを使える上に、処理能力が向上していたのである。この考え方が、インテルでは新しいマイクロプロセッサーには、必ず旧世代のマイクロプロセッサーで動かしていたソフトがそのまま動くという互換性を持たせるべきだ、と考えていたのである（現在もそれは変わらない）［１］。

インテルには、ＲＩＳＣは「10Ｘ」の改善であり、もし他社がこの技術を手中に収めれば、わが社の基幹事業が脅かされかねないと考える者もいた。そこで、二者択一の賭けには出ず、ＲＩＳＣ技術に基づいた高性能マイクロプロセッサーの開発にも大きな力を注ぐことにした。

しかし、このプロジェクトには問題点もあった。新しいＲＩＳＣが、今以上に高速かつ低価格になるとしても、当時マーケットに出回っていた大部分のソフトが使えなくなるのである。製品に互換性があるかどうかが、その製品が普及するかどうかの分かれ目であるのは今も当時も同じである。したがって、互換性のないチップを生産するというアイデアは、われわれにとって魅力的には映らなかった。こうした互換性至上主義を守ろうとする経営側のレーダーをかいくぐるために、ＲＩＳＣのほうが優秀だと信じている技術者や技術担当マネジャーたちは、自分たちがこだわり続けてきた開発を、４８６を補足するようなチップを開発しているのだとカモフラージュした［２］。もちろん、彼らは自分たちの技術力で、そのチップを主力商品に押し上げようとしていたのだ。とにかく、プロジェクトは進行し、新しく非常にパワフルなマイクロプロセッサーi860が誕生したのだった。

今や、高性能を誇る2つのチップが手元にそろい、ほぼ同時にマーケットに出せる態勢が整っていた。CISC技術をベースとした、あらゆるパソコンソフトと互換性を持つ486と、RISC技術をベースとした、非常に高速だが互換性がまったくないi860である。われわれは、どうすればよいのかわからなかった。そこで、マーケットに判断をゆだねるべく、両製品とも発売することにしたのだ。

ところが、事はそう単純ではなかった。マイクロプロセッサーのアーキテクチャーを、ソフト、販売、技術サポートなどコンピューター関連製品まで含めて支えるには膨大な資源を必要とする。たとえインテルのような会社でも、ひとつのアーキテクチャーを完成させるためには全力を注がなければならなかった。だが、その頃わが社では、異なる2つの研究が互いに競い合い、それぞれがますます多くの社内資源を必要としていたのだ。開発プロジェクトというのは、とかく膨らみがちなものだ。予算や人材、あるいは市場への配慮（たとえば、顧客と話し合うときに、どちらのプロセッサーに焦点を当てるべきかなど）をめぐる争いは、マイクロプロセッサー部門を真っ二つに引き裂くほどのすさまじい論争に発展した。その間にも、顧客たちはわれわれの曖昧な態度に対して、インテルは486とi860のいったいどちらに重点を置くのか疑問を持ちはじめていた。

私は不安を募らせながら、なりゆきを見守っていた。これは、わが社の大黒柱であるマイクロプロセッサー事業における重大な問題だった。マイクロプロセッサーは、数年前にメモリーから撤退したとき、われわれが信念を持って取り組み、そのためにインテルの企業としての位置づけを変えたほどの事業だ。X線技術のように、10年後に実現するかもしれないし、実現しないかもしれないという性質のものではなかった。すぐに決断しなければならなかったし、その決断はわが社の命運を左右するものでもあったのである。もしRISCに向うという流れが戦略転換点を示しているのに、それに対してわれわれが適切な行動を取らなかったら、マイクロプロセッサーのリーダーとしての地位は極めて短命に終わってしまうだろう。しかし一方で、386の目を見張るほどの勢いは486にも確実に波及し、うまくいけば次世代以降のマイクロプロセッサーにも好影響を与えそうだった。少なくとも当面は確実なこのメリットを放棄して、とりたてて有利さもないRISCアーキテクチャーをめぐる戦いに身を投じるべきなのだろうか。

私は技術畑出身だが、コンピューター工学の専門家ではないので、アーキテクチャーに関する話はあまり得意ではなかった。むろん、そうした経歴を持った人材なら社内にもたくさんいたが、2つの相容れない派に分かれ、どちらも自分たちのチップが優れていると100パーセント確信している状況だった。

わが社の顧客や協力会社もまた、ひとつの考え方にまとまっていたわけではなかった。たとえば、シェアも大きく、技術的にも優れているパソコンメーカーであるコンパックのCEOは、従来のCISC方式マイクロプロセッサーを改良することに全力を注ぐべきだと、わが社に、とりわけ私に対して、強く主張してきた。ＣＩＳＣ方式で10年は十分に乗り切れると確信していたからだ。われわれが真っ二つに分かれて、コンパックに何の利益ももたらさないものに資金と時間を費やしているという状況は見たくないというのである。他方、インテルのマイクロプロセッサーで動くソフトの大半を供給している会社、マイクロソフトの主任技術者は、「ｉ８６０パソコン」を進めるように言った。ヨーロッパのある企業の経営者は私にこう語った。「アンディ、われわれの事業はファッションビジネスのようなものだよ。何か目新しいものが必要なんだ」

４８６を正式に発表したとき、顧客企業は極めて肯定的に受けとめてくれた。私は、シカゴで行った製品説明の時のことをよく覚えている。そのイベントにはコンピューター・メーカーのそうそうたる顔ぶれが集まり、皆一様に４８６を搭載したコンピューターを生産する用意があると発表した。そのときこう思ったものである。「ＲＩＳＣであろうがなかろうが、この勢いを維持することに全力を傾けることが一番大切だ」と。これを境に、大論争は終わり、４８６とそれを継承する製品に全力を傾けることになったのである。

６年が過ぎてこの論争を振り返ってみると、当時も今も驚異的成長を続け、市場の追い風もある自分たちの技術をどうして捨てるなどと考えたのか、自分でも首をかしげてしまう。事実、今日ではＣＩＳＣに比べたＲＩＳＣの利点は、当時に比べてかなり小さくなっているのだ。しかし、あの頃は、資金や人材をシフトさせるかどうかを真剣に考えていたのである。

今がそうなのか？　いや、違うのか？

戦略転換点のシグナルが、極めてわかりやすい場合もある。それほど事情に精通していなくても、旧AT&Tの解体につながった「修正終局判決」は、まさに画期的な出来事であったことがわかる。また、FDA（米国食品医薬品局）が設置され、公正表示法が議会を通過して、市販薬の世界が様変りした例も明白だ。こうした出来事が、その影響下にある企業にとって、大きな環境変化であったことは明らかである。

しかしシグナルは、それほど明白ではないケースがほとんどなのだ。戦略転換点は、通常、大音響とともにはじまることはなく、小猫のように音もなく忍び寄ってくる。後になって当時の出来事を振り返ってみて、ようやくはっきりするということも多い。戦略転換点だと気づいたのはいつだったかと後で自問しても、競争力学が変化したことを示すわずかなシグナルが思い浮かぶぐらいだろう。前述のメモリーに関する話の中で、日本を訪問したインテルのスタッフたちは、帰国後の報告の中で、日本のビジネスパーソンについて次のように述べていた。かつてわれわれに大変な尊敬の念を抱いていた彼らが、今では、われわれを嘲笑の目で見ているようだ、と。そして口々に「何かが変わりました。以前とは違います」と、言うのだった。このような感想や印象によって、われわれは、本格的な変化が自分たちの身に起こっているのを強く自覚したのである。

ある変化が戦略転換点を示すものかどうか、見分けるのにはどうしたらよいのだろうか。

シグナルとノイズとを区別するために、次のような問いを発してみることだ。

■**主要なライバル企業の入れ替わりがありそうか。** まず、一番の競争相手が誰なのかを明らかにするため、私が「銀の弾丸」と呼んでいる診断法を試みるとよい。方法は次の通り。仮にピストルに弾が一発しかなければ、どの競争相手を射止めるために取っておくか、といきなり尋ねる。このようにすると、たいていの人は本能的に反応し、あまりためらわずに答えられるものだ。答えが以前ほど明快でなくなったり、以前にはどうでもよかったような競争相手の名前が出てきたりする場合には、特別の注意を払わなければならない。重要視するライバルの序列が変わるときは、何か重大なことが進行している兆候であることが多い。

■**同じように、今まで大切な補完企業とみなしてきた相手が入れ替わろうとしていないか、問うべきである。** かつて自分や自分の会社にとって一番大切だった会社なのに、今ではそうでもないのではないか。ほかの会社に追い抜かされそうになっていないか。そうだとしたら、産業内の力関係に変化が起きている兆候かもしれない。

■**周囲に「ずれてきた」人はいないか。** これまで極めて有能に仕事をこなしてきた人が、突然、重要な仕事から外されたというようなことはないか。考えてみるとよい。あなたが組織のトップになれたのは、企業が発展しようとする本能的な力によって選ばれてきたからだ。あなたの資質が当時の企業に適していたのである。しかし、もしかすると企業にとって重要な局面があなたの身のまわりで変化したとき、あなたをはじめとする経営陣を選出した企業風土や方針そのものが、新しいトレンドを認識する妨げになる可能性もある。周囲の人たちの中に、突然「物わかりが悪い」ような人がでてきたら、危険信号かもしれない。また逆に、あなた自身が混乱して首を傾げるようなときが危険信号かもしれない。他人だろうと自分だろうと、物わかりが悪くなったのは、年のせいではなく、周囲の何かが変化したからかもしれないのである。

頼もしいカサンドラ

組織の中にカサンドラがいれば、戦略転換点を認識する上で頼もしい存在となってくれる。周知のように、カサンドラとはトロイの陥落を予言した女司祭である。彼女のように、迫りくる変化にいち早く気づき、前もって警告を発する人たちがいるのである。

こうした人たちは、社内のどこにでも存在するが、中間管理職で、営業部門で働く人間であることが多い。彼らはたいてい、近づきつつある変化について経営陣よりも多くのことを察知している。彼らは社外で動き回り、現実世界の風を肌で感じているからだ。言い換えれば、彼らは古いやり方で実績を上げる資質を見込まれて選ばれてきたわけではないのだ。

中間管理職は企業の最前線にいるため、本社の比較的安全な場所にいる上級管理職よりも危険に対してずっと敏感だ。悪いニュースは即、彼ら個人に大きくはねかえってくる。営業成績が落ち込めばコミッションは減るし、売れないテクノロジーは技術者のキャリアを台無しにする。だからこそ、彼らは、警告のサインを上級管理職よりもはるかに真剣に受けとめるのだ。

ある晩、電子メールをチェックしていて、アジア太平洋地区担当のセールスマネジャーからのメッセージを読んだ。そこには彼の担当地区で起こった、今後競争要因に発展しそうなニュースが記されていた。その内容に目新しいものはなかったが、事態を説明する文体がとても不安げで、まるで怯えるような調子だった。「人騒がせのつもりはありませんし、似たような事態が常に生じていることもわかっています。しかし、今回ばかりは本当に気になるのです」と、書いてあった。彼はこうした動きに対応する行動を提言する立場の人間ではない。ただ、この事態に私が注意を払い、深刻に受け止めてほしいと促していたのである。

私は最初、この報告を無視しようとした。最前線にいる彼に比べ、遠く離れたこのカリフォルニアの地にいる私は、はるかに安全だと感じていた。しかし、私の見方は正しいのだろうか。それとも、彼のほうが正しいのだろうか。現場にいるというだけで、彼の評価が正しいとはいえない。私のほうが物事を全体的に把握できるといえるだろう。だが、現場にいる者たちが発するメッセージの調子が変わったときには注意を要するということは、経験から学んでいる。私は、この報告の今後の展開について、より注意深く監視したいと考えている。実際それ以来、その事態の意味について、さらに広く検討することにしている。

こうしたカサンドラたちは、自分から探し出さなくてもよいのだ。あなたが経営陣のひとりであれば、向こうからやってくるだろう。まるで愛する商品を売り込むかのように、彼らの心配事を熱心に「売り込みにくる」はずだ。そのとき彼らに反論してはならない。たとえ時間の浪費のように思えても、彼らの話に耳を貸し、情報を得て、彼らがそうした行動をとるに至った理由を理解するように最善を尽くすことだ。

彼らの話に時間を割くことは、まわり（地理的・技術的な距離を問わず）で起きていることを知るための投資と考えればいい。こう考えてみよう。春が来ると雪はまず外側から解けていく。その部分が一番露出しているからだ。まわりの情報を吸い上げることは、ノイズからシグナルを選ぶのに大いに役立つのである。

「業界のまわりで起きていることを把握しなさい」と言うのと、「業界で起きていることを把握しなさい」と言うのとでは、まったく意味が異なる。通常の業務として、私は営業責任者や製造責任者、統括責任者と話をする。そこでは、業界で何か起きているかという話を聞くことはできるが、彼らが私の意見とまったくかけ離れた意見を口にすることはない。それに対して、地理的に離れたところにいる者や、組織の中で数段下の立場の者から情報を吸い上げると、まったく異なる観点からの意見を聞くことができ、問題を立体的にとらえることができる。こうして通常の情報収集では得られない洞察が可能になるのだ。

もちろん、あちこちからの話を聞くことにすべての時間を費やすことはできない。しかし、聞く姿勢は持つべきだ。それを続けると、有益な情報を伝えてくるのは誰で、話を聞いてもらえるのをいいことにノイズを伝えて混乱させようとするのは誰なのか、その傾向が大体わかるようになるだろう。時が経てば、アンテナの向きを調整できるようになる。

　時にはカサンドラが、悪いことばかりではなく、新しいものの見方を教えてくれることもある。インテル社内でＲＩＳＣ対ＣＩＳＣの論争がピークに達していた頃は、私自身も最も混乱していた時期だった。その時、主任技術者が会いたいといってきた。彼は椅子に腰を下ろすと、反対派の意見を説明しつつ、自分の考えを理路整然と私に話してくれた。それは、私の知る限り最も客観的な説明だった。彼の知識や洞察力のおかげで、私は自信を取り戻すことができたし、この分野の経験不足を補うこともできた。さらには、議論を聞いていても以前よりよく理解できるようになったのである。この一件だけで私の考えが固まったというわけではないが、ほかの人の議論をより正しく評価するための枠組みづくりに役立ったことは確かだ。

　メモリー事業から撤退したインテルの場合を考えてみよう。８カ所もの工場でメモリーを製造していたインテルが、いかにして１９８０年代半ばまでにわずか一カ所に縮小し、結果的にメモリーからの撤退による打撃を緩和できたのだろうか。それは、財務担当者や生産計画担当者が、自主的に動いていたからだ。彼らは地道に、毎月毎月ウェハーの生産を調整し、メモリーに象徴されるような儲からない製品から、マイクロプロセッサーのように収益性の高い製品にシリコンウェハーを回してきたのである。彼らには、メモリーからの撤退を決める権限はなかったが、小さなことを積み重ねて生産を微調整する権限は持っていた。こうした微調整が何カ月も続けられたおかげで、われわれは、結局メモリー事業から比較的容易に撤退することができたのである。

ピーター・ドラッカーは、起業家とは資源を生産性や収益性の低いところから高いところへと動かす人だと定義している[3]。これこそは、正当な目的意識と判断力のある中間管理職が、自らの権限の及ぶ資源に対してとるべき行動である。ここでいう資源とは、生産計画担当者が配分するウェハーの量から、営業担当者が配分する自分の努力とエネルギーまでを含んでいる。これらは中間管理職による思いつきの行動か、それとも戦略が立案され実行されていたということだろうか。確かに、一見このような行動は戦略的だといえないが、私は実は戦略的だと考えている。

初期バージョンの罠を避ける

頼もしいカサンドラたちは「10X」の力の兆候が現われると、すぐに気づく。だが、こうした兆候には、往々にして「10X」のように見えるが、実はそうではないものが混在している。たとえば、インターネットは世間で言われているほどすごいものなのだろうか。われわれは銀行との取引をすべてインターネット上で行うようになるのだろうか。インタラクティブ・テレビがわれわれの生活を変えるのだろうか。デジタルメディアは、エンタテインメント産業を変えるのだろうか。

最初に心得ておくべきことは、何かを売り込もうとする者は皆、それを受け入れさせようと騒ぎたて、その製品をできるだけ重要なものに見せようとして、意識的にあるいは無意識のうちに一生懸命働く、ということである。したがって、このような状況下では、物事を疑ってかかるのが当然であり、またそうすべきなのだ。

もうひとつは、新しく出てきたものをとにかく調べてみると、たいていが評判通りではないということだ。インターネットが登場しはじめたばかりの頃、ネット上を移動するとやたらに時間がかかった。やっとお目当てのサイトにたどり着いたとしても、そこにあるのは期限切れのショッピングカタログだったりしたものだ。ネット上の銀行は、まだ小切手の郵送よりも面倒だ。また、インタラクティブ・テレビに至っては、あんなに大々的に発表したにもかかわらず、その舌の根も乾かないうちに消滅してしまったかのようだ。

とはいえ、レーダーのスイッチを切って自分のビジネスに集中していてはならない。最初は当てにならない話だと思っても、何でも耳を傾けてみることだ。変化の重要度を見極める際の危険は、私が「初期バージョンの罠」と呼ぶところに潜んでいる。

１９８４年、アップルがマッキントッシュを発表したとき、私はばかげたおもちゃだと思った。なにしろハードディスクもなく（当時、すべてのPCがすでに内蔵していた）、あきれるほど遅かったからだ。そのため、当時としては非常に先進的だったはずのＭａｃのグラフィカル・ユーザー・インターフェース（ＧＵＩ）が、むしろ厄介なものに思えたのである。最初がこんな具合だったので、そちらに目を奪われ、ＧＵＩの持つ非常に重要な特徴を見過ごしてしまった。ＧＵＩに基づいたアプリケーションソフトであれば、同じような操作環境を保てるという特徴である。言い換えれば、ひとつのアプリケーションの操作に習熟すれば、ほかのアプリケーションも使えるようになるということだ。しかし、私は初期バージョンが持つ問題点に邪魔されて、その下に潜んでいた見事なテクノロジーに気づかなかったのである。

1991年、アップルが、パーソナル・デジタル・アシスタント（PDA）と呼ばれる、手のひらに収まるほどの小型コンピューターを話題にしはじめた頃、インテルの社内外の多くの人たちは、それがパソコン業界を再編成するような「10X」の力になると考えた。パソコンがメインフレームに取って代わろうとしているように、今度はPDAがパソコンに取って代わるのだ、と誰もが思った。われわれはこのチャンスを逃したくなかったので、PDAの波に乗れるように、大規模な投資をし、社内的にも力を入れはじめた。やがて、1993年、アップルのニュートンが誕生した[4]。だが、登場するやいなや欠陥を非難されることになった。

このPDAの一件からは何がいえるのだろうか。「10X」の力にならなかったのは、ニュートンがつまらない製品だったからだろうか。しかし、よく考えてみると、たいていの初期バージョンはこんなものだ。Macの前身であるリサという製品は、初めて商品化されたグラフィカル・ユーザー・インターフェース機能付きのコンピューターだったが、あまり好評とはいえなかった。ウィンドウズの初期バージョンも同様だった。長い間、二流とされ、こぎれいな顔をしたDOSなどと陰口をたたかれたものだ。しかし、一般的にいえば、グラフィカル・ユーザー・インターフェースそのもの、そして特にウィンドウズは、業界を変える「10X」の力となったのである。

ここで私が言いたいことは、初期バージョンの質だけを見て、戦略転換点の重要度を判断することはできないということである。自分の経験を考えてみるといい。初めてパソコンを見たときの反応を覚えているだろうか。たぶん、大革命を起こすような装置という印象は持たなかっただろう。インターネットにしても同様だ。インターネットにつながっているコンピュータ一のスクリーンをじっくりと眺めて、ウェブのホームページがゆっくりと表れるのを待っているときに、少し想像力を働かせてみよう。もし通信スピードが倍になったとしたら、今の体験はどう見えるだろうか。「10X」の力で、さらに速くなったとしたらどうだろう。ホームページのコンテンツを、アマチュアではなくてプロの編集者が、片手間ではなく腰を据えて制作したらどうなるだろう。この答えを推論するために、パソコンが今までどんなに速く発展し、改良されてきたかを思い出してみよう。

パソコンやほかの新しい製品について考えるとき、たとえ「10X」の改良がされたとしても、消費者はさほど関心を持たないだろうと判断することもあるかもしれない。仮にある企業が実際に商品化しても、主要な競合相手が入れ替わるとか、大切な協力会社を再編成するといったことにはならないかもしれない。生活は以前と変わらず、ただ世の中にモノがひとつ増えたというだけだ。

しかし、「10X」の改良で、この製品は極めて面白くなりそうだとか、脅威になりそうだという直感が働くのなら、戦略転換点のはじまりを見ている可能性が高い。つまり、物事をよく考え抜くこと、そして、初期バージョンの質に惑わされることなく新製品や新技術の長期的な可能性や重要性を見抜くことを、自らの課題としなければならないのである。

ディベート

ある特定の展開が戦略転換点なのかどうかを見極めるために最も重要なことは、広く意見を集めて集中的にディベートすることだ。技術的な議論（たとえば、ＲＩＳＣは本当に「10Ｘ」の脅威になるほど速いのか）、マーケティングに関する議論（一時的な流行なのか、ビジネスとして成り立つのか）、戦略への影響に関する検討（われわれが大きく動いたら、マイクロプロセッサー部門にどんな影響があるのか、もし動かなかったらどうか）といった議論がそこで行われる。

問題が複雑になればなるほど、いろいろなレベルの経営幹部が議論に参加する必要がある。というのも、異なるレベルから集められた幹部たちは、まったく異なる視点や経験、あるいはまったく異なる考え方を議論の場に持ち込むからだ。

また顧客、協力会社といった社外の人たちも、このディベートに巻き込むべきだ。彼らは異なる分野の経験があるというだけでなく、利害も異なっている。彼らは彼らなりの偏った意見や利害を持ち込んでくるが、それで構わない（コンパックのＣＥＯが、ＣＩＳＣをさらに発展させるように要請してきたのもその例である）。なぜなら、外部の利益を満足させなければ、いずれにせよ企業の成功はおぼつかないからである。

この手のディベートは、かなりの時間と知的エネルギーを要するので、つい尻込みしてしまいがちだ。かなりのガッツも必要となる。負けるかもしれないディベートに入っていく勇気も必要だ。知識不足を露呈してしまうかもしれないし、多くの賛同を得られない意見を支持したために同僚から反発を食らうかもしれない。とはいえ、こうしたことは避けては通れない。残念ながら、戦略転換点を見極めるための近道はないのである。

あなたが上級管理職の一員なら、専門家の見方、確信、情熱について話を聞くために時間を割くことを恥じることはない。複雑な事態に誤った判断で突進していくような企業リーダーの銅像は、決して立つことはない。一度聞いた話が、また聞こえてくるまで、そして自分が確信を持てるまで、十分に時間をかけることだ。

あなたが中間管理職だとしたら、決して弱腰になってはいけない。上司の決定が下るまで何も言わずにただ座っていて、後になって酒の席で「まったく、バカな上司だ」と批判するようではいけない。参加するのは今だ。それは会社のためであると同時に、自分自身のためでもある。わからないからといって、引き下がることを正当化してはいけない。そういう時は、誰だってわからないのだ。じっくり考えてはっきりと強い意思を持って意見を言うことだ。その意見が通るかどうかは、話を聞いてもらい、理解してもらって初めて参加しているといえる。当然、ディベートでは全員が勝者になるわけではない。しかし、正しい答えを導き出す過程では、すべての意見に価値があるのだ。

あなたが管理職でないとしたらどうだろうか。部下のいない営業担当者やコンピューター技術者だったらどうしたらいいのか。ほかの者に決定を委ねるべきなのだろうか。それは違う。

第一線で得た知識があれば、明らかにあなたにもノウハウ・マネジャーとしての資格はある。こうしたディベートに参加する十分な資格を持つ者として、ものの見方や広さで欠けるところは、実務経験の深さによって補えばいいのである。

何がディベートの目的か、あるいは目的でないかを認識することが重要である。ディベートの末に、全員が一致して同じ見解に達するなどとは考えないほうがいい。それは、あまりにも無邪気な考え方だ。だが、参加者たちが自分の意見を発表することを通じて、主張を研ぎ澄まし、事実をより明確にしていく結果、どこに焦点を当てればいいかがはっきりしてくる。そして、すべての参加者が議論からあいまいな点を徐々に除き、問題点やお互いの視点をはっきり理解できるようになるのだ。ディベートとは、写真を現像する過程でコントラストをつけるのに似ている。よりはっきりとした像を浮き上がらせれば、経営者はそれだけ多くの情報に基づいて、正しいと思われる決断を下すことができるのである。

大切なことは、戦略転換点がはっきりしていることはめったにないということだ。豊富な情報を持ち、目的意識も高い人たちが、同じ状況を前にしても、まったく異なる解釈をする。だからこそ、明確な像を描く過程に、あらゆる関係者の智恵を動員することが何にもまして重要なのである。

活発なディベートに恐れを感じるのは理解できる。戦略転換点を通過しながら組織を運営していくには、参加者だけでなく上級管理職も含め、参加者がすくんでしまうようなさまざまな要因があるものだ。しかし、何もしないことは、会社にとって悪い結果をもたらす可能性があり、むしろそのほうが恐ろしいはずなのである。

データを用いて議論する

現代の経営学では、議論や論争をするときにはデータを用意せよと教えている。これは良いアドバイスだ。概して、人は事実の代わりに自分の意見を述べ、分析的になる代わりに感情的になることがあまりにも多いからだ。

とはいえ、データが示すのは過去の話であり、戦略転換点は将来の話である。日本のメモリーメーカーが大きな脅威になりつつあるとのデータが示された時点では、わが社はもう生き残りをかけた戦いのまっただ中にいたのである。

今更いうまでもないが、いつデータを持ち出すか、出さないかは知っておかなければならない。つまり、データを議論に持ち出すにはタイミングがあるということだ。今はまだデータに表れていないが、やがて大きな流れとなって企業経営のルールを変えてしまいそうな力が出てきたと、自分の経験から判断したのであれば、データに反論できなければならない。要するに、今まさに現れつつある流れを問題にするときは、データに基づく合理的推論に対抗して、事例に基づいた観察や自分の直感に頼る必要があるのだ。

恐れ

難しい問題について建設的なディベートを行い、なんらかの結論を得るためには、結果を恐れずに自分の考えを自由に話せる環境が不可欠だ。

「品質管理の神様」といわれるW・エドワーズ・デミングは、企業内に存在する恐れを撲滅することを唱えた[5]。しかし私は、この教義の持つ単純さに違和感を覚える。経営幹部の最も重要な役割は、社員が夢中になって市場での勝利を目指せるような環境を作ることだ。恐れという感情は、そのような情熱を生み出し、維持する上で、大変重要な役割を担っている。競争を恐れ、倒産を恐れ、誤りを恐れ、敗北を恐れること、これらはすべて強い動機になるのである。

では、どうすれば社員の心に敗北への恐怖感を培うことができるのか。そもそも経営陣がその恐れを感じていなければ、それは無理な相談だろう。いつか、経営環境の何かが変わり、競争のルールも変わってしまうかもしれない、と経営陣が恐れていれば、社員もやがて共感するようになるものだ。そうすれば警戒心を持ち、絶えずレーダーで探し続けるはずだ。その結果、誤った警報も数多く流れてくるかもしれない。戦略転換点だと騒いでも、そうではないことが後で判明するようなケースも出てくるだろう。それでも、こうした警告に注意を払い、一つひとつ分析して、対策をとるほうが、環境の重大な変化を見逃して、永遠に立ち直れないようなダメージを受けるよりはずっとましなのである。

どんなに疲れていても、一日の最後に電子メールをチェックし、問題がないかどうかを確かめずにいられないのは、私が恐れているからだ。顧客のクレーム、新製品が失敗する可能性、大事な社員が不満を抱いているという噂などを恐れているのである。毎晩、ライバルの新しい動きを報じる業界レポートに目を通し、不安を感じる記事は翌日フォローするために切り取っておくのも、私に恐れがあるからだ。「もうたくさんだ。天が落ちてくるわけじゃあるまいし」と叫んで、家に帰りたくなったときでも、カサンドラの話に耳を貸そうという気になるのは、私に恐れがあるからなのである。

簡単にいえば、恐怖は自己満足の反対語である。成功の頂点に立っている人々はしばしばうぬぼれという落とし穴に落ちる。特にこのことは、磨きに磨きをかけて、現在の環境では申し分のない技術を獲得しているような企業に多く見られる。このような企業は、環境が変わっても、なかなか適切に対応することができなかったりする。だから、敗北への恐怖感を適度に持つことは、生き残りのための本能を磨くのに役立つといえるのかもしれない。

われわれインテルが、第5章で述べたような1985年から1986年の大変な時期を経験することができたのは、ある意味で好運だったと考えている。わが社の幹部は、負けた側の気持ちがどんなものかをまだ覚えている。そうした記憶が、衰退するときのいつ果てるともない不安感を呼び起こし、そこに戻らないようにしようとする情熱を喚起するのに役立つのである。妙に聞こえるかもしれないが、あの1985年と1986年がまた起きるのではないかという恐怖が、わが社の成功にとって大きな要因だったと私は確信している。

中間管理職にとっては、別の恐怖もある。悪い話を持ち込むと罰を受けるかもしれないとか、現場からの悪い報告を上司は聞きたがらないのでは、という恐れである。そういう恐れのために、自分が考えていることを伝えないようになると、その恐れは毒と化す。企業の成長にとって、これ以上害になるものはあるまい。

あなたが経営陣のひとりだとしたら、カサンドラの重要な役割を心にとめておくべきだ。彼らは、あなたの目を戦略転換点に向けさせてくれる。したがって、たとえ状況がどうあれ、「メッセンジャーを撃ち殺す」ようなことはすべきではないし、ほかの幹部にもそうした行為をさせてはならないのだ。

この点はどれだけ強調しても足りないほどだ。戦略に関する議論を妨げてしまう「罰への恐れ」は、何年もの間、一貫した姿勢を取り続けなければ取り除くことができない。ところが逆にそれを生むには、たった一度の出来事で十分なのだ。その出来事が、野火のごとく組織全体に広がり、そして全員が口を閉ざすことになる。

いったんそうした恐れが蔓延してしまうと、組織全体が麻痺状態に陥り、現場から悪い報告が入って来なくなる。以前、あるマーケットリサーチの専門家が私にこう嘆いた。彼女が勤める会社では、彼女と経営陣との間に何重もの層があり、せっかく事実に基づいた調査をしても経営陣まで届かないというのだ。「上の人間はこの報告を聞きたがらないと思う」というのが直属の上司たちの常套句で、そういった階層を通過するうちに、少しずつ悪いデータやポイントが削除されてしまうのだ。経営陣にとって、悪いニュースが耳に入る機会がないということだ。結果的にこの会社は徐々に勢いをなくし、成功から一気に非常に厳しい時期を迎えたのである。外から見ると、経営陣には何が起こっているのか思い当たることさえないかのようだった。その会社は、悪い報告の扱い方を誤ったために衰退することになったと、私は確信している。

アジア太平洋地区担当のセールスマネジャーや優秀な技術者が私のもとに来て、自分たちの見方を話し、警告したことを前に書いた。彼らは2人とも長く在籍している社員で、自信もあり、インテルの社風にも馴染んでいた[6]。また、結果を重視するタイプで、建設的に物事に直面することにも慣れていた。つまり、こういったことが、より良い結論、より良い解決を導くために役に立つことを知っていたのである。インテルではどのように物事に対応すべきかと、何をしてはいけないかを知っていたのだ。これはどこにも書かれていないルールだ。2人とも、ためらう気持ちを抑え、リスクとも思える行動をとった。そのうちのひとりは、自分が重大な問題だと考えている情報を伝えてきた。それは正しい警告だったかもしれないし、そんなことを言うのはばかげた行動だったかもしれないが、彼は罰せられることを恐れずに心の内を伝えていいことを知っていた。RISCアーキテクチャーに関する自分の見解を説明してくれたもうひとりとの間には、言わずと知れた共通認識があった。「おい、グローブ。君の専門外のことだから、俺が詳しく説明してあげるよ」という具合に。

会社を興してからというもの、インテルは、知識の力を持つ者と、組織の力を持つ者の間にある壁を取り払おうと、全力で取り組んできた。自分の担当地域を知る営業担当者や、最新テクノロジーに没頭しているコンピューター設計者や技術者は知識の力を持ち、一方、資源を管理して配分し直したり、予算を組んだり、あるプロジェクトに人材を配置したり異動させたりする者は組織の力を持つ。戦略転換点に対処する上で、どちらが優れているということはない。より良い戦略的結果を会社にもたらすために、双方ともベストを尽くさなければならないのだ。理想をいえば、双方が相手からもたらされるものを尊重し、相手の知識や地位にひるんだりしない状況が望ましいのである。

このような環境は、口で言うのはやさしいが、創り出し、維持することは大変である。そのために、劇的な方法や象徴的な方法をとっても何の意味もなさない。必要なことは、知識力を持つ者と組織の力を持つ者が、両者の利益となる一番良い解決法を見出すために、協力的なやり取りを活発に行い、そういった社風を維持していくことなのだ。自分の仕事を追求するためにリスクを冒す者を評価することが必要だ。その価値観が正式な経営プロセスの一環であることが必要なのだ。そして、最後の手段として、適応できない者とは袂を分かつことが必要だ。インテルが戦略転換点を生き延びることができたのは、わが社の社風を維持することができたからであると、私は考えている。

第7章

カオスに支配させよう

LET CHAOS REIGN

解決は、実験から生まれる。殻を破ることから新たな発想が生まれる。

Resolution comes through experimentation. Only stepping out of the old ruts will bring new insights.

経営とは変化にどう対応していくかだと、ことばをどんなに取り繕ったとしても、実のところわれわれ経営者は変化を好まない。自分を巻き込むような変化なら、なおさらである。戦略転換点には戸惑いと不安と混乱がつきものである。経営側の人間であれば個人的に、企業全体においては戦略レベルで、まさに影響を受けることになる。そしてこの2つは、想像以上に深く関連しているのだ。

感覚的な問題

企業がどのようにして戦略転換点を乗り越えていくかは、主にとてもウェットで、極めて感覚的な問題、つまり経営陣がその危機にどう感情的に反応するかに左右される。

確かにそうだろう。経営に関わる者は、経営者である前に感情を持った人間なのだ。そして、それらの多くの感情は、ビジネスのアイデンティティや成功としっかり結びついているのである。

あなたが経営陣のひとりであるなら、おそらく今までの人生の大半を、仕事や業界や会社のために捧げてきたからこそ、今日の地位を築けたのだろう。そうした人々の多くは、自己のアイデンティティを仕事と切り離して考えることができない。そのため、仕事で深刻な問題に直面すると、どうしても個人的で感情的なリアクションが先に立ち、ビジネススクールやマネジメント研修で学んだはずのデータを理論的かつ客観的に分析するという姿勢は二の次になってしまう。

中間管理職であっても、ほとんどの場合には同じことが当てはまる。しかも、多くの場合、自分の仕事も危うくなる。あなたのこれからのキャリアがどうなるかは、あなたの会社がいかにして戦略転換点を乗り越えるかにかかっているのだ。

戦略転換点にある企業の経営者は、大切なものを失う人が味わうのにも似た感情の動きを体験する[1]。それもそのはずだ。戦略転換点の初期には、失うものがたくさんある。業界でひときわ輝いていた会社の地位を失い、アイデンティティを失い、会社の未来像を失い、職の保証を失う。そして、多分一番苦しいのは、勝者としての座を失うことだろう。しかし、大切なものを失った悲しみに関連づけられる感情（否定、怒り、取引、抑うつ、そして受容）に対し、戦略転換点の場合の感情の動きは、否定、逃避または回避、そして受容と適切な行動、という過程をたどるケースが多い。

まず否定する、というのは私が想像しうるどの戦略転換点の例でも同じである。インテルがメモリー分野で転換期を迎えたとき、「もっと早く16Kのメモリー・チップの開発に乗り出していたら、日本企業に先を越されることはなかったはずだ」と、当時の自分が考えていたことを覚えている。

逃避または回避は、経営陣の個人的な行動によく見られる。企業が核となるビジネスで大きな変化に直面すると、経営陣は無関係に思われるような企業との吸収合併に走るようだ。思うに、彼らは個人的な必要に迫られてこうした行動に出ることが多い。つまり、彼らは誰の目にも明らかで、正当な業務に日夜忙殺されていたいのであり、目の前に差し迫った経営戦略上の危機に対処する代わりに、当然のように時間をつぎ込め、進展が望める仕事がほしいのだ。

この時期の経営陣は、熱心に慈善活動の資金集めをしたり、さまざまな外部の役員会活動に参加したり、お気に入りのプロジェクトに首を突っ込んだりする、ということが多い。戦略転換点の渦中にある、ある大企業CEOのスケジュール表を見てほしい（表7-1）。時間は彼にとって最も大切な資源であるはずだが、このスケジュールには迫り来る危機が反映されているだろうか。私にはとてもそうは見えない。

彼だけが特別なわけではない。実をいうと、思い起こせばこの私も、メモリー騒動の前、嵐が襲ってくることがわかりきっていた時期に、多くの時間を費やして本を執筆していた。それが偶然だったのかどうか考えてみなくてはなるまい。この本を書いている今も、いったいどんな嵐を巻き起こす雲が頭上をかすめていることかと思う。数年のうちに、それはわかるだろう。

さて話を買収に戻そう。私の気に入っている事例だ。仮に、私が数千万ドル単位の買収を行おうとすれば、それに関わるすべての決定事項に、私は神経を巡らせる必要が生じる。私は懸命かつ素早く仕事をしなくてはならなくなり、通常の仕事は後回しにして、それよりもずっと大切な買収にかかりきりになることだろう。私には、集中しなければならない対象ができたのだ。そして毎朝鏡に向かって、こう言い訳をしてしまう。「小口顧客の売上が徐々に減少して

表 7-1　戦略転換点の過中にある大手企業 CEO のスケジュール表

月曜日	
8:30 - 9:30	戦略企画会議
10:00 - 10:30	年次デザイン賞計画の見直し
11:00 - 12:00	管理および評価システム
13:00 - 13:15	エデュケーション・スピーチの再考
13:30 - 14:00	品質チェック
16:00 - 16:45	取締役会の準備
17:25	東海岸の A 市へ出発
18:30 - 19:30	夕食会（社外取締役）
	A 市泊

火曜日	
8:00 - 9:00	朝食会
9:30 -	B 市（東海岸）へ出発
11:00 - 11:45	業界組合とのエデュケーション会議
12:00 - 14:00	業界組合とのエデュケーション対策会
14:00 - 20:30	業界組合とのエデュケーション取締役会
	B 市泊

水曜日	
8:15 - 9:00	チャリティ実行委員会
12:15 - 13:30	本社へ移動
14:00 - 17:00	役員会
18:00	東海岸工場へ出張
	工場近辺に 1 泊

木曜日	
3:30 - 5:30	プラント祝典式（夜間の部）
5:30 - 9:15	プラント祝典式（第 2 回目）
9:30 - 10:30	プラント祝典式（第 3 回目）
11:00 - 11:50	プラント祝典式（第 4 回目）
12:00	本社へ向けて出発
14:00 - 16:15	役員会

金曜日	
8:15 - 8:30	役員会義の議題確認
8:30 - 9:00	第 3 四半期見直し
9:00 - 12:00	役員会
13:15 - 17:00	国内事業の再検討

いる理由など、そんな微々たる問題にかまっている時間はない。私には投資顧問との大事な夜中の会議があるのだ」。こうした状況では、毎日の些細な問題に注意が行き届かないのは当然で、むしろその行動は尊重されてもいいくらいだ。買収の件が仕事の中心となり、対処法のわからない目の前の問題から、私は離れることになる。日本の大手家電メーカーが、米国の映画会社の買収を行ったのも、核となるビジネスが長期にわたって低迷したため、眼前の手に負えない問題から目をそらしたいという経営陣の意識が表れたものではないだろうか。

このような行動をとるのは、なにも悪い経営陣に限ったことではない。優れたリーダーでも同じような葛藤を経験する。しかし彼らは、やがてその状況を受け入れ、行動に移すことで乗り切っていくのだ。そのような力が不足しているリーダーは、退陣させられることも少なくない。やがて、後継者となる人物がやってくる。必ずしも前任者より優れているわけではないが、過去の戦略に対して感情的な思い入れがない人物ということになる。

この点が肝心なのだ。実は、企業のトップが交代するときに求められているのは、経営手腕や指導力に優れた人物というよりは、過去のしがらみがない人物であることのほうが多いのである[2]。

成功の惰性

経営陣は、今まで成功を収めてきたからこそ、現在の地位に就いている。長年にわたって、自分の得意分野で力を発揮する方法を体得してきたのだ。したがって、彼らが今までのキャリアでうまくいった戦略的、戦術的な方法を、今後も実行し続けようとしても驚くにはあたらない。それは、彼らのキャリアの「輝かしい時期」に役立ったのだから。

私はこの現象を「成功の惰性」と呼ぶ。これは極めて危険で、しかも物事に対して否定的な見方を強めるという傾向がある。

環境が変化し、今までの技術や強みが通用しなくなると、われわれは本能的に過去にしがみつく。周囲で起こる変化を認めようとせず、嫌なものを見てしまった子供のように、目を閉じて100数えるうちにそれが消えてしまえばいいと思うのだ。われわれもまた目を閉じて、これまで続けてきたやり方や技術でさらに一生懸命働き、100数えるうちになんとかならないものか、と祈るのである。そんなとき、よく聞くことばが「もう少し時間があれば」だ。

戦略上の不調和

事態の変化に、おそらくは遅すぎて不十分な方法で、ようやく手を打とうとする頃には、新たな感情の問題が待ち受けている。自分たちが奮闘している問題の大きさを、いやでもはっきりと意識させられるのだ。たとえ、自分たちの行動が新しい環境に適応しつつあっても、その行動をことばで明確に説明することは依然として難しい。インテルがどのようにしてメモリー事業から撤退したかを思い出してほしい。会社はウェハーの配分調整をしばらく前から続けていたというのに、私は、現場の社員からわれわれ経営陣の計画について単刀直入に聞かれたとき、簡潔に説明することができなかった。

戦略転換点の渦中にいる会社が、主張していることと異なることを実践するという落し穴にはまるのを、私は数多く見てきた。この言動の食い違いを、戦略上の不調和と呼ぶ[3]。これこそ、企業が戦略転換点を迎えていることを示す、もっとも確かな現象のひとつなのである。

ではなぜ、戦略上の不調和は避けられないのか。何が原因なのか。変化への適応というプロセスは、まず社員からはじまる。彼らは毎日の仕事を通して、新しい外部の力に順応していく。インテルの生産計画管理者は、ウェハーの生産能力をメモリーからマイクロプロセッサーへと移行させた。それは、マイクロプロセッサーのほうが収益面で勝っていたためだった。それとは対照的に、われわれ経営陣は、過去の成功の惰性にとらわれていた。なんといっても、わが社はメモリーメーカーとして成長を遂げてきたのだし、メモリーこそ、われわれが最も得意としてきた分野で、われわれの自己像を形作ってきた分野だったからだ。こうして、第一線の社員と中間管理職がある方向の戦略的行動に移る一方で、経営陣は、高度な戦略的意見としてまったく逆のことを言っていたのだ。

では、戦略上の不調和が生じていることに気づくのは、一体どんなときなのだろうか。

戦略上の不調和は、経営陣が中間管理職や販売部門の人間と自由に議論をしているときに表面化しやすい。ただし、それには面と向かって言いたいことがはっきりと言える社風が不可欠だ。インテルでは、これが機能している。時に、私はそのような会議の席で、その分野や状況に精通している人物からの具体的な質問やコメントに対して、会社の立場を擁護しようとしている自分にぎこちなさを感じることがある。このような質問は、たいてい特定の製品や顧客、テクノロジーに対する明確な戦略についての意見を求められた後に、追加質疑の形で出てくることが多い。周到に準備された回答を示すと、引き続き質問があがる。「ですが、この場合……」とか「それはつまり……」といった具合である。

このような質問は、私が口にしたありきたりの回答の奥に潜む、本当の意図を探り出したいという場合が多い。私の回答が不明瞭で、そうした質問が出てくるのも無理のない場合もある。しかし一方で、月並みな答えと、それとはかけはなれた現実との不調和が徐々に大きくなった結果、この種の質問が出てくるということもある。後者の場合は、戦略上の不調和の最初の兆候の可能性が高い。そんな時、私はすぐに自分にこう言い聞かせるのだ。「グローブ、よく聞け。何かがうまくいっていないぞ」

戦略上の不調和は、戦略転換点で必ず見られる反応であるため、転換点かどうかを見極める格好の判断材料になる。会社の人間が、「実際にはYをしているのに、どうしてXだと言うのか？」というような質問をしはじめたら、それが戦略転換点に入ったかもしれないという、なによりの警告なのである。

試み

会社の実態と、経営陣の発言に不調和が見えてくるのに附随して、生産性が劇的に落ち込み、悲惨な時期が続く。戦略上の不調和に伴って不快感が募ってくると、たとえ優秀な人材であっても混乱し、不信感を抱くのである。何かが本質的におかしい、何かが違っている、ということにあなたが気づいたとしても、それが何であるかはわからない。それが本当にどれほど重大で、どう対処すればいいものなのか、見当がつかないのだ。

戦略上の不調和は、一瞬のスイッチの切り替えで解決できるものではない。解決策は試みを繰り返す中で生まれてくるものだ。まずは、あなたの組織がこれまで慣行としてきた管理体制を、少し柔軟にしてみよう。今までとは違った技術や、別の手法での製品検査、新しい販売ルートや新たな顧客の開拓に挑戦させてみるのだ。経営陣は会社の秩序を作り、それを維持していくのが仕事だが、このような場合には、新しいものや異なるものも容認していかなくてはならない。これまでの殻を破ってこそ、新たな展望がひらけるのである。

合いことばは、「カオスに支配させよう！」

一般的に、カオスは良いものではない。ひどく効率が悪く、関係者をうんざりさせる。だが、古い秩序が新しいものに置き替わるまでの間には、必ず、試みやカオスの段階を経ることになる。

ここでひとつの矛盾が起きる。そもそも試みは、以前から行っていなければ、困難にぶつかったからといって急にできるものではないのだ。基幹となるビジネスに転機が訪れてからでは、もう手遅れなのである。理想をいえば、新しい製品、テクノロジー、販売チャネル、宣伝、顧客について、早いうちから試みを重ねておくことだ。そうしておけば、「何かが変わった」と感じたとき、あなたは多くの試みから数多くの切り札を手にすることができる。また、試みの幅を広げることで、組織には新しい事業展開に向けての前段階であるカオスに耐える力がつく。

インテルは、マイクロプロセッサーがわれわれの企業戦略の中心になる10年以上も前からその開発を試み、機が熟すのを待った。その間、マイクロプロセッサーは主要製品ではなかった。事実、何年もの間、マイクロプロセッサーによる収益を上回る金額を、その開発とマーケティングに投資していたのだ。だが、それを続けた結果、マイクロプロセッサー事業は次第に成長し、周辺環境が大きく変貌した時には、会社の資源を注ぎ込むに値する魅力的なビジネスとなっていったのである。

試みに論争はつきものである。第6章で述べた、1980年代後半のインテルでの、i860RISCプロセッサーと486CISCプロセッサーをめぐる衝突を思い出してほしい。われわれは、互換性のあるマイクロプロセッサーを維持するために総力を挙げるという戦略を発表する一方で、優れた人材を社内から集め、i860モデルの新しいアーキテクチャーの開発を任せていた。

この行動のすべてが悪いわけではない。もし、それまでのテクノロジーが時代遅れになれば、新しいテクノロジーを取り入れるのは当然のことだろう。そして、そのような時には、新しいテクノロジーを事前に試みていることで初めて移行が可能になるのである。

ところが、試みの規模が大きくなり、市場に投入されるようになると、実験自体が会社に多大な影響力を持つようになってしまった。会社の取り組みは集中を欠き、どちらのマイクロプロセッサーと支持するかで会社の意見が二分されたことで、会社の姿勢が問われ、結果的にはわが社のマイクロプロセッサー全体の推進力を弱めかねない事態となってしまった。つまり、カオスが生まれたのだ。われわれは、標準的なマイクロプロセッサー市場の勢いを利用して、新しいRISC部門を創設するか、あるいはこの試みを大幅に抑制するのかの選択を迫られた。

ビジネスのバブル

多くのスポーツ同様、タイミングは命である。ビジネスでは、同じ行動でも早ければうまくいき、後になるほど失敗しやすくなるものだ。

「早いうちに」とは、あなたの事業の勢いが旺盛で、資金繰りがうまくいき、組織が健全なうちに、行動するということである。会社がまだ順調で勢いのあるうちなら、健全な活力を生かして立て直すことができる。事業の状態すべてが悪い方向へ向かってから手を打つよりも、このバブルの保護があるうちならばずっと簡単だ。

言い換えれば、経営陣は、戦略転換点を通ることを避けられないと早期に認め、現状を受け入れ、「10X」の力による影響でビジネスの活力が失われる前に、行動を起こすことがベストの選択なのだ。早急に、適切かつ明確に強化された行動をとれば、苦痛はごく少なくて済み、より良い結果が期待できるだろう。

しかし、残念ながら現実には正反対の行動をとる傾向が強い。そもそも、前に述べたような感情的な要因に細かく反応しがちなため、たいていの経営陣がとる行動は不十分で、手遅れなのである。その結果、今あるビジネスの勢いが生み出してきたバブルを、少しずつ無駄にしていくことになってしまうのである。

理由は明らかだ。転換点の初期にパニック状態はない。怠慢に対する話し合いも、初期の頃では次のように表現される。たとえば、「金の卵を生むニワトリには触らないほうがいい」とか、「全社員の給料を稼ぎ出している部門から、思いつき程度の新プロジェクトに、優秀な人材を移すことができるのだろうか?」というようなものだ。あるいは、最も憂慮すべきは、「この組織はそんなにも簡単に変革できるものだろうか。もうこれ以上はどうかと思う」などの発言である。その本心は、「私個人にはこの組織が必要とする変革を導く準備ができていない」ということなのだ。

私自身の例を振り返ってみても、資源のシフトや人事面での大がかりな変革は、いつも、もう一年くらい早く行っておけばよかったと後悔する。インテルのメモリー事業に関するエピソードを思い出してほしい。われわれは長期にわたって、メモリーで損失を出していた。だが、対応に乗り出したのは、ほかの事業までもが衰退しはじめてからであった。また、ネクストが行動を起こしたのは、資金繰りに行き詰まったからにほかならない。以前は大きな成功を収めていたコンパックも同様だ。パソコン事業の利益率が日用品並に低下していくのに比して、その行動は遅すぎた。腰を上げるまでに6カ月もかかったのだ。売上、利益、市場シェアが落ち込み、その間に7000万ドルの損失を出し、創業後初めてのレイオフを経てようやく、コンパックの取締役会は苛酷な行動をとったのだ[4]。

この傾向は、第三者にはよくわかるが、当事者にはわかりにくい。先日、ある企業の経営者と話す機会があった。この企業は、戦略を変えようと奮闘しているまっ最中だった。私は、積極的に新しい方向を取り入れていくようにすすめた。彼を力づけることは簡単だった。なぜなら、〝私〟は何もしなくてよい立場にあり、すでに顧客に約束した製品の製造を中止し、組織を新しい方向へと導かなくてはならないのは〝彼〟だったからだ。彼自身、自分がやらなければならないということは意識しており、正しい方向へ歩んでいる途中だった。だが、残念ながら私には、その動きは不十分に思えた。彼らは利幅を基準にして解決を図り、あまり売れ行きのよくない製品のいくつかを切り捨てることにしていたが、必要なのは製品全体を打ち切り、開発資源を確実に将来性のある事業へと移すことだったのだ。私のほうが彼より判断力がある、ということではない。ただ、私は、その事業方針の転換を実際に命令する立場になかっただけのことだ。インテルがメモリーの危機に瀕していたときには、私は彼と同じ経営者の立場にあって、長い間彼と同じように「不十分かつ手遅れシンドローム」にさいなまれていたのである。

理想をいえば、新しい環境に対する恐れが入り込む余地のないように、普段から目を配っておくべきである。緊急事態を認識するには、長年ビジネスの世界で培ってきた判断力や直感、観察力が大いに役に立つはずだ。事実、われわれ経営者は、経験から、何らかの手を打つ必要があると判断する場面が多い。そればかりでなく、どう対処すればよいかもわかっている。しかし、即座には直感を信じたり、直感を頼って手を打ったりはしない。そうこうしているうちに、実りあるビジネスのバブルはしぼんでしまうのである。この、結局中途半端で手遅れに終わってしまうという傾向を克服するために、自らを鍛えてゆかなければならない。

新しい業界地図

不十分かつ手遅れシンドロームは、業界が激しく揺れ動いているときには極めて危険である。日々ビジネスを行う中で、われわれはその業界の構図を無意識のうちに頭の中に描いている。この構図には明文化されていないルールや人間関係、事業の進め方、何が「なされた」のか、どのように行われたのか、何が「なされていない」のか、誰が重要で誰が重要ではないのか、誰の意見が信用できるのか、誰の意見が間違っていることが多いのか、などが描かれている。その業界に長年いれば、こういったことはもう当たり前のように頭に入っているだろう。あらためて考えることすらなく、すべて知っているのだ。

だが、業界の構造が変われば、これらすべての要素も変わる。それまで数年にわたって身につけ、会社の活動方針を立てる指針にしてきた地図が、突然、その効力を失う。しかし、あなたは古い地図を新しい地図に取り代えることができないでいる。物事が以前行われていた方法に対して、現在はどのように行われているのか、あるいは以前は重要だった人物に対して今は誰が重要なのか、というように代わりの要素をはっきりと描くことができないのだ。

われわれコンピューター業界にいる人間は皆、縦割り型構造から横割り型構造への移行に対処する必要があった。この横割り型構造が示しているのは過去においても、また現在でも、横割り型でトップシェアを獲得する企業が業界の勝者であるということだ。この認識がインテル社内に浸透したとき、横に並んだ他社との互換性が重要であるということを確信し、また、マイクロプロセッサーの大量生産、低価格化に向ける意欲が一層高まったのである。これによりインテルは、規模や守備範囲を広げることになった。同様に、コンパックが1991年に大幅なリストラと戦略転換を行なったときも、彼らの行動は、横割り型構造においては規模や範囲が重要だという認識に基づくものだった[5]。

戦略転換点を通過する際、経営陣は業界の戦略地図に絶えず目を向け、必要に応じて描き直さなければならない。われわれはそれを頭の中で自動的に行なう。だが、頭の中の地図にはあいまいな点も多い。したがって、必ず自分の構想を紙に書き留めるようにすべきである。

どこから手をつければいいのだろうか。どの企業にも、組織図があるはずだ。たくさんある場合もある。それは社内の各部署の相互関係を示している。社員が内部のオペレーションを理解するのにその組織図が必要なように、同じような図が業界にもあれば非常に役立つのではないだろうか。そうであれば、ひとつ、業界地図を作ってみることだ（第9章で、インターネットに関するあることを整理するのに役に立った図をお見せしよう）。

あなたの会社が新しい技術や流通手段を試みる必要があるように、経営陣は新しい産業構造の細部を書き出す試みをやってみる必要がある。親しい同僚にあなたの描いた新しい図を見せてみよう。自分の意見を明快にするために、気のおけない仲間に何度も聞いてもらい、その図について話し合うとよいだろう。またそこには、別の利点もある。話し会う機会が多ければ、組織は変化しやすくなるのである。

現代の組織では、市場の趨勢（すうせい）に素早く反応できるかどうかは中間管理職の自主的な行動にかかっている。彼らは、ノウハウ・マネジャー、技術の専門家やマーケティングの専門家からなり、基幹事業で中枢的役割を担い、事業を適切な方向へと導く企業の要である。経営陣とノウハウ・マネジャーが業界についての構図を共有していれば、企業が環境の変化を認識し、適応できる可能性は大幅に向上する。業界の構図とその力学を示す地図を共有することは、企業をより適応しやすい組織にするための主要なツールとなるのである。

あなたが経営陣、中間管理職、ノウハウ・マネジャーのいずれであろうと、このような業界地図を改善していくことで、事業を良い方向へ導いていくことができる。そしてあなたは、自分の行動の正当性に自信を強めるはずだ。

第8章
カオスの手綱をとる
Rein in Chaos

何を追求するかだけでなく、何を追求しないかを明確にすることが重要だ。

Clarity of direction, which includes describing what we are going after as well as describing what we will not be going after, is exceedingly important at the late stage of a strategic transformation.

戦略転換点を通過するとはどのようなことかと考えるとき、私は昔見た西部劇を思い出す。馬に乗ったくたびれた一行が荒野を進んでいく。どこに向かっているのかはっきりとはわからない。わかっているのは、もう引き返せないということと、やがて今よりはましな場所にたどり着くと信じるよりほかはないということだ。

組織を率いて戦略転換点を通過するのは、未知の領域を進軍するようなものだ。ビジネスのルールは、まだよく知られていないか、できあがっていない。そのため、あなたも同僚も、新しい世界の地図を思い描けず、目指すゴールのイメージさえ完全にはつかめないでいる。状況は、張りつめている。たいていは、戦略転換点をくぐりぬける間に、部下はあなたに対しても、同僚に対しても信頼感を失っていく。さらに悪いことには、あなた自身も自分への信頼感を失う。経営陣も、その苦境に直面した責任を互いになすりつけ合う。内輪もめがはじまり、進むべき方向はどちらなのかという議論が増えていく。

そのうちある時点で、リーダーであるあなたは、おぼろげながら新たに進むべき方向を感じ取る。しかし、この頃にはもう、会社は活気をなくしているか、モラルが低下しているか、憔悴している。それにここまで来る間に、あなた自身も多くのエネルギーを費やしてしまった。とにかく、残されているエネルギーを使って、自分自身とあなたを頼りにしている部下たちを奮い起こさなければならない。元気を取り戻すのだ。

私は、あなたや会社全体が苦しみ抜き、さもなければ滅びてしまうようなこの過酷な地を、死の谷と呼んでいる。戦略転換点には必ず存在し、避けて通ることも、危険を減らすこともできない。ただし、よりよく対応することだけはできるのだ。

死の谷を越える

死の谷をうまく越えるためには、まず、谷の向こう側に無事たどり着いたとき、どんな企業でありたいかをイメージすることが必要だ。あなたが自分の頭の中ではっきり描くだけではなく、疲れ果てて気力を失くし、動揺している部下たちにも伝えられるように、明確なことばで語ることができるものでなければならない。インテルは多種多様な半導体を作る会社になるのか、メモリーに専念するのか、それともマイクロプロセッサーに専念するのか。ネクストはコンピューター会社を目指すのか、ソフトウェア会社を目指すのか。あなたは、自分の書店をどうしたいのか。本を読みながらコーヒーも飲める快適な場所にするのか、ディスカウント書店にするのか。

このような質問に、あなたは一フレーズで答えなければならないのである。誰もが簡単に記憶でき、時が経つにつれてあなたの本当の意図がよく理解できるようなことばがいい。1986年にわが社が掲げたスローガン、「マイクロコンピューター会社、インテル」は、まさに目指そうとするインテルの将来像を表現したものだった。そこには、半導体ということばもメモリーということばもない。1985年から86年にかけての例のメモリー事件、すなわち戦略転換点に、死の谷からはい出そうとしていたときに、頭に描いた目標のイメージを表現したことばである。

経営学の専門家は、これを「ビジョン」と呼ぶ。私にとっては高尚すぎることばだ。要は、会社の本質と、その柱となる事業を見極めればいいのだ。会社の将来像を定義づけるためには、そうはなってほしくない将来像を明確にする必要がある。そうすることで初めて、望ましい将来像を描くことができるのである。

最悪の状況から抜け出したときなら、こうはなりたくないという感覚が胸の中に強烈に残っているだろうから、比較的容易なはずだ。1986年には、われわれはもうこれ以上メモリー事業にはとどまりたくないと思っていた。四苦八苦した挙げ句に、もはや戦いを続けても良い結果は得られないと悟った後だったからだ。

このやり方には危険も伴う。企業のアイデンティティを単純化しすぎ、戦略上の焦点を絞り込みすぎると、一部の人々から、「それでは、われわれの部門は一体どうなるのか。会社はもう関心がないというのか」という声が上がるかもしれない。インテルにしても、マイクロプロセッサー以外の製品を維持していくことになった。別のタイプの半導体メモリーも、それなりに大きな柱として残したのである。

しかし、単純化によるリスクも、もうひとつの危険に比べればかすんでしまう。それは、事業の新しい方向性を簡潔に表現する際に、マネジャー一人ひとりの要望をすべて入れ込もうとすることである。そんなことをしては、身の程知らずに多くを盛り込みすぎた、意味のないものになってしまう。

戦略的に目標を絞ることが、いかに大切かを示す例を見てみよう。ロータスは創立から10年間、パソコン向けのソフト、特に表計算を得意とする会社とみなされてきた[1]。自らが招いたいくつかの失策も重なってはいたが、最大の原因は競合企業の力が「10X」増大したことで、ロータスの事業の柱であった表計算の売れゆきは次第に落ちていった（インテルにとっての日本のメモリーメーカーにあたる存在は、ロータスの場合、アプリケーションソフトの巨人、マイクロソフトである）。しかし、こうした状況下で、ロータスはノーツという新製品を開発した。スプレッドシートが個人ユーザーの生産性を上げたように、この新しいソフトはグループユーザーの生産性を上げるものであった。表計算や関連ソフトウェアで懸命に戦っていたときから、ロータスの経営陣は、表計算からグループコンピューティングへと経営の重心をシフトしていたのだ。そしてこの苦しい時期にも、ロータスはノーツの開発から手を引かずに投資を続けた。そして、そうした会社の姿勢を前面に押し出した大々的なマーケティングや開発計画を開始し、ロータスがリリースする文書は、ノーツに関するコメントで埋め尽くされていた[2]。

もっとも、これはまだ進行中の話である。しかし、企業の将来像を明確にするという観点からすると、ロータスの経営陣の行動は非常に的確だった。ＩＢＭがロータスを35億ドルで買収する気になったのも、ノーツという強みがあったからである。

それでは、今度は逆の例を見てみよう。会社の将来像を見極め損ねたケースだ。最近、私はある企業の幹部と会った。われわれは、インテルの製品と彼の会社の製品とを連動させようと提携を持ちかけていた。この提携を実現するためには、彼らは自分たちが専念する技術と、そうでない技術を取捨選択しなければならなかった。私が交渉していた相手は、その企業ではトップに次ぐ地位にある人物だったが、実に優柔不断だった。協力の必要性を認めているようにも見えたが、いざ提携に向けて必要な行動を起こす段になると、まるで金縛りのように動けなくなってしまうのだ。

それから数日後、彼の上司である最高経営責任者のコメントが新聞に掲載された。内容は明らかに、あの幹部が傾いていた方向を支持する意向を表明したものだった。私はその記事を切り抜き、仲間の目の前でちらつかせながらこう言った。「うまくいったようだ」。しかし、それはぬか喜びだった。24時間しかもたなかったのだ。翌日の新聞が「誤解を招かないように」と前置きして、彼の発言が撤回されたことを伝えたからである。すべてはお互いの誤解だったのだ。

仮にあなたが、マーケティング部長か営業部長で、上司のこのようなあいまいな態度に悩まされているとしたらどうだろうか。その上、新聞でボスの〝本日〟の意向を知ったときの気持ちを想像してみてほしい。誰もこんな優柔不断なリーダーについていこうという気にはならないだろう。

リーダーがなぜこうも前進することを躊躇(ちゅうちょ)するのか、私には不思議でならない。確かに、同僚や部下たちがどの道を進むべきかと議論しているときに、皆の先頭に立って、正しいかどうかもわからない進路を示さなくてはならないとなれば、大きな覚悟と信念が必要だ。だが、そういった決断こそ、リーダーとしての気骨が試されるところだ。反対に、企業の規模を縮小する場合には自信などそれほど必要ない。結局のところ、工場閉鎖や従業員解雇といった、業績の改善がすぐにわかり、金融機関を喜ばせることになる措置はどうやっても間違いようもないからだ。

戦略転換点を通過するということは、あなたの企業が過去から未来へと根本的な変貌を遂げることだ。これが極めて難しいのは、企業というもののあらゆる部分が過去に形作られたものだからだ。コンピューター・メーカーの経営に携わってきた人が、ソフトウェア会社の経営をしろといわれてもすぐには想像もできないだろう。さまざまな半導体を生産するメーカーを経営したからといって、マイクロコンピューター・メーカーがどんな会社であるかを想像することは難しいだろう。当然のことだが、戦略転換点を生き残るために企業が生まれ変わるには、経営陣の交代というのもひとつの手段なのである。

かつて「マイクロコンピューター会社」というインテルの新しい方向性を議論するために、幹部会議を行った。その席で会長のゴードン・ムーアは、次のように語った。「この状況を真面目に考えれば、5年後には重役の半分は、ソフトウェアがわかる人間になっていなければならないだろう」。つまり、その部屋にいた幹部たちが経験や知識を積んできた専門分野を変えるか、彼ら自身が入れ代わるかということだ。私は部屋中を見渡しながら、誰が残り、誰が去るかを考えたものだ。結局、ゴードン・ムーアのことば通りになった。われわれの場合、経営陣の半数近くが自分自身を変え、新しい方向に踏み出すことができた。そうでない者は会社を去っていったのである。

新しい事態に気づき、想像し、感じ取ることが、第一のステップだ。考え方を明確に、しかも現実的にする必要がある。妥協したり、自分自身を偽ったりすることはやめよう。もし、口では目的を説明しながらも、心の奥底ではできないと思っているなら、死の谷から脱出するチャンスはそこで終わってしまう。

資源の配置転換

ドラッカーはこう示唆している[3]。組織が変貌する際に必要とされる最も重要な行動とは、旧来の考え方で配置されていた経営資源を、新しい考え方に合わせて根本的に再配置することである、と。インテルの生産計画担当者は、3年の歳月をかけて、メモリー用ウェハーの生産配分を徐々に減らし、マイクロプロセッサー用に移行した。希少で高価な資源を、付加価値の低い製品から高い製品へと移したのである。しかし、原材料だけが資源というわけではない。

知識や技能、そして専門技術を持っている優秀な人材も同じように重要な資源である。インテルでは最近、次世代マイクロプロセッサーを担当していた有能なマネジャーを最新の通信関連製品担当に移した。この部門は、この先数年間、利益を出せる見込みのないところだ。だが、われわれは非常に貴重な人材の異動を行った。

彼は今までの部門でも非常に優秀だったが、そのポストを引き継げる人材はほかにもいる。しかし、その新しい部門は、彼の持つ能力を是非とも必要としていたのである。

個人の時間には明らかに限りがあり、その意味で非常に貴重な資源である。インテルが半導体メーカーからマイクロコンピューター・メーカーへと変貌しようとしていた当時、私はソフトウェアの世界についてもっと学ぶ必要があると感じていた。われわれがどのように仕事をしていくかを決定づけるのは、ソフトウェア業界の方向性や考え方、要望、ビジョンだからだ。そこで私は、かなりの時間をソフトウェア業界の人たちとの関係作りに費やすようになった。私はソフトウェア会社の経営者たちに面会を申し入れた。自分で電話をかけて約束を取りつけ、実際に会って、業界の話を聞かせてくれるよう頼んだのだ。ありていにいえば、教えを乞うたのである。

しかし、こうした行動には多少なりとも個人的なリスクが伴う。プライドを抑え、彼らの事業に関して自分がいかに無知であるかを認めなければならないからだ。一度も会ったことがない重要人物たちと話さなければならず、どんな反応をされるか見当もつかなかった。勤勉さも必要になる。彼らとの会話の最中、私はたくさんのメモをとった。理解できるものも、できないものもある。そして、理解できなかったことは、社内の専門家に相手の意味するところを解説してもらった。まるで、学校に戻ったようだった（インテルの学校的な雰囲気が助けになったことは事実である。わが社には、20年の経験を持つ幹部が、まったく新しいスキルを真剣に時間をかけて習得することを尊重する風土があるのだ）。

自分が新しいことを学ばなければならないという事実を認めるのは難しいことだ。特に上級管理職で、肩書きのおかげで特別扱いされることに慣れてきた人であれば、なおさらである。しかし、その肩書きへの敬意を打ち破らなければ、やがてそれは新しいことを学ぶ上での大きな障壁となる。これは自己鍛錬なのである。

プライベートな時間についても、こうした再配置の原則が必要だ。ソフトウェアの勉強をはじめたとき、私は勉強に使う時間をほかから割かなければならなかった。いってみれば、私は自分の時間の「生産計画担当者」であり、時間配分をしなければならなかったのだ。これが面倒を引き起こした。というのも、以前は頻繁に会えた人たちに、あまり時間を割けなくなってしまったのだ。すると、彼らはこう尋ねはじめた。「われわれがしていることには、もう興味がないのですか」。私はできる限り彼らの説得に努めた。そして、マネジャーたちに仕事を分担してもらった。しばらくすると彼らも、インテルが方向転換する上で起きているさまざまな変化のうちのひとつとして受け入れてくれた。とはいえ、ここに至るまで、お互いに容易なことではなかったのである。

問題は、資源の再配置ということばが、なんの弊害も伴わない響きを持っていることだ。見通しが明るく、将来有望で、素晴しいものにより多くの関心やエネルギーを傾ける、それが資源の再配置だと受け止められている。だが一方で、資源を引き抜かれる側も存在する。生産資源、経営資源、あるいは自分自身の時間など、何かを必ず持ち去ってきているのである。したがって、戦略的変貌を遂げるためには、あらゆる資源を秩序だてて配置し直さなければならないのである。さもなければ、せっかく資源の再配置を行ったとしても、空疎で陳腐なものに終わってしまう。

プライベートな時間についてはもう一言つけ加えておこう。あなたがリーダー的な立場にある人物だとしたら、その時間の使い方には大きな象徴的価値がある。今、何が重要で何が重要でないか、周囲に対してどんなことばよりも雄弁にそれが物語るからだ。

戦略転換がはじまるのは、企業のトップからだけではない。あなたのスケジュール表からもはじまるのである。

戦略的行動で導く

戦略上の目標を達成するための資源の配分、または再配分は、私の言う戦略的行動の一例だ。私は、企業戦略とは、いわゆるトップダウンの戦略計画などではなく、こうした一連の戦略的行動で成り立っていると考えている。私の経験では、トップダウンの計画は常にことばだけで、実際の企業の業務に反映されることは稀だ。それに対し戦略的行動こそ、現実に影響を与えるものなのである。

両者の違いは何か。戦略的「計画」が、何をするつもりかを表明したものであるのに対し、戦略的「行動」は、これまでとってきた、あるいはこれからとりつつあるステップであり、長期的な指針である。戦略計画は政治家の演説のようなものだが、戦略的行動は具体的なステップで、その内容は多岐にわたる。たとえば、新しい分野に前途有望な人材を配置するとか、これまで取引のなかった地域に営業所を開設するとかいった例もそうだ。あるいは長期間続けてきたある分野の開発を縮小することもそうだ。こうしたことはどれも現実のものであり、方針転換を示すものなのである。

戦略的計画が抽象的で、たいていは曖昧なことばで表現され、経営陣以外の者にとっては何ら具体的な意味がない一方、戦略的行動は日々の生活に直接影響を及ぼすために重要なのである。メモリーの生産能力をマイクロプロセッサーにシフトしたときや、販売する製品の種類が変わったときのように、それは社員の仕事を変えてしまう。また、インテルの有能なマネジャーを手堅いマイクロプロセッサー部門から、先行き不透明な新しい部門に配置転換したときのように、社員を狼狽させたり、首を傾げさせたりすることもある。

戦略的計画は、あまりにも先のことを語るために、今しなくてはならないこととはほとんど無関係なのだ。そのため、真の注目には値しない。

これに対して戦略的行動は、現在のことであるためすぐに注目を集める。戦略的行動の力とは、まさにここから生まれるのだ。たとえ、個々の戦略的行動がもたらす軌道修正は小さくても、それぞれが戦略転換点を通過した後の企業イメージと一貫性があれば、相乗効果が生まれる。だからこそ、企業を変えるには明確に示された目標に向かって、複数の変化を積み重ねていくのが一番効果的だと考えるのである。

また戦略転換点においては、ドラスティックに目立つ戦略的行動が功を奏することもある。目立つということは、多くの人に見られ、聞かれ、質問されるということだ。前述した例を見てみよう。われわれが業務提携を検討していたある会社のCEOのことばが新聞に掲載された。その記事を見て、多くの人が驚き、「つまり……ということなのか？」と質問した。この提携は、新しい戦略上の目標に向かって大きく飛躍する絶好のチャンスをもたらすものだった。しかし、残念なことに翌日の撤回声明で台無しになってしまった。

転換点の最中に、驚かれるような戦略的行動をとることは悪いことではないが、正しいタイミングでなくてはならない。特に資源の再配分のような場合、戦略的行動はリレーのようになる。リレー走者は絶妙なタイミングでバトンを渡さなければならない。ほんのわずかに早すぎても、遅すぎても、それがチーム全体のペースを落とすことになるからだ。

資源をどこからか引き抜いて新しいところに移す場合は、この微妙なバランスを十分に考慮しておかなければならない。前の事業、前の部門、前の製品からの資源の引き抜きが早過ぎれば、80パーセントしか達成できないかもしれない。もう少し我慢していれば、達成率が100パーセントになる可能性もあったはずだ。逆に、もし固執しすぎれば、新しいビジネスチャンス、新製品に勢いをつけるとか、新しい秩序に順応するとかいったチャンスを逃すことになるかもしれない。その間のどこかに最適なタイミングが存在する。古い事業への投資が十分になされ、資源を再配置する移行期を乗り切る勢いが蓄えられているとき、それが最適なタイミングだ。このタイミングに関するジレンマを図8-1に示す。

図8-1　資源再配置のジレンマ

■タイミングが早すぎる

前の取り組みがまだ終了していない

■最適なタイミング

既存の戦略に勢いがある、新たな脅威や機会も見えている

■タイミング遅すぎる

転換のチャンスを失う、衰退を止めることができない可能性

最適なタイミングはいつなのか。それは、現在の戦略にまだ勢いがあり、企業も成長し続けていて、顧客や補完企業があなたの企業をまだ高く評価しているが、あなたのレーダーには注目に値する輝点があり、少なくともその輝点には重要性を探るだけの価値があるという時だ。探索の結果、輝点には本物でさらに大きくなっていけば、資源をそちらに移せばいいのである。

ほとんどの場合、このタイミングを長く待ちすぎてしまいがちだ。遅すぎるより、早すぎる場合のほうがまだ手の打ちようがある。行動に出るのが早すぎたとしても、以前の事業にまだ勢いが残っている可能性が大きい。したがって、間違ったとしても軌道の修正は比較的容易だ。たとえば、新しい部門に異動させた社員を、元の仕事に戻すことも可能だ。元々そこにいたのだから、すぐに事態を収拾することができるはずだ。しかし、経営陣は古いものに執着しすぎるきらいがあり、戦略的行動をとるのが早すぎるというより遅れがちになるのが普通だ。問題は、出遅れてし

まうと、後戻りのできない下り坂に入ってしまうということなのである。

簡単にいうと、変化の渦中にいるとき、経営者は自分の進むべき方向をたいていは心得ているが、行動に移すことが遅すぎたり不十分だったりする。これを正すには、行動のペースを早め、より大きく動くことだ。そうすれば、正しいタイミングに近づく可能性が高くなるのである。

行動を起こす絶好のタイミングは、企業によって異なる。自分たちの強みは、機敏な反応と速やかな実行力だと考えている企業もある。このような企業は、他社が技術的な可能性の限界に挑んで市場の反応を試すまで、まずは静観しているほうがいいかもしれない。それから追いかけて、追いつき、追い越すのだ。

このような戦略を私は「テールランプ」法と呼んでいる。霧の中をドライブするとき、前の車のテールランプについていけば、速く走ることも簡単だ。ただし、この「テールランプ」戦略にも落とし穴がある。ひとたび前の車に追いつき追い越してしまうと、もはや誘導してくれるテールランプがなくなってしまうのだ。その時になって、自分で進路を決める自信も能力もなかったことに気づくことになりかねないのである。

先を行く者には別のリスクがある[4]。先駆者である企業が直面する最も大きなリスクとは、ノイズとシグナルを区別するのが難しいということだ。その結果、転換点でもないのに対応しはじめてしまうかもしれない。それだけではない。対応は正しくても、市場のほうがまだそこまで来ておらず、第6章で述べたような「初期バージョン」の落し穴にはまってしまう危険性が大きいのである。

しかし、先行することにはこうしたリスクを補ってくれるかもしれない利点もある。先陣を切る企業だけが業界構造に影響を与え、他企業とどのように戦うかを決めることができるのである。このような戦略をとってこそ、将来の競合を制し、自らの運命を有利に切り開く希望が持てるのだ。

わが社が多目的情報機器としてパソコンの可能性に大きなチャンスを見出したのは、最近のことである。今までそれは不可能なことだったのだ。従来のパソコンは、ビジネス用の数字や文書を表示することができる、データ入力用の端末に替わるものでしかなかった。ところが、ここ数年の間に技術が進歩し、パソコンに魅力的なビジュアル表示能力をもたらしたのだ。従来のパソコンが持つ重要な特徴であったインタラクティブ性はそのままに、色彩豊かな画像、音、動画が楽しめるようになったのである。

われわれは、こうした特長を備えたパソコンが、情報・娯楽革命の中心的存在になると考えていたが、一方で、ほかの人々はもっと身近な存在であるテレビがその役割を担うだろうと見ていた。そこでわれわれは、パソコンこそがすべての発展の中核となる、という考えを掲げて(「パソコンこそが中心だ!」)、周囲の考えを変えようと業界全体を巻き込むキャンペーンに乗り出した。同時に、この発展に勝ち残れるパソコンを作るため、社内の技術開発をすべてそこに集中させた。こうした考え方がそれほど一般的でない段階から、われわれは将来のビジョンを描こうとして行動してきたし、今でもそれは変わらない。われわれは、昔も今も、先駆者であろうと挑戦し続けているのである。

戦略転換をするときによく生じる問題がひとつある。それは、ひとつの戦略目標にすべてを賭け、そこに焦点を絞り込んで行動すべきか、それとも、リスクヘッジすべきかということである。そういった疑問は、社員からのこんな質問ではじまる。「アンディ、マイクロプロセッサー以外の分野にも投資すべきではないのですか。ひとつのバスケットにすべての卵を入れてしまうのはどうでしょう」[5]。あるいは、「パソコンに賭けるのもいいですが、テレビの機能を高めることもすべきではないですか」。私は、マーク・トウェインのことばが、これらの質問に対するまさに核心をついた答えになると思う。「ひとつのバスケットにすべての卵を入れて、そのバスケットから目を離すな」

戦略的目標に向かって組織が良い結果を出すためには、組織に膨大なエネルギーがなくてはならない。競争の激しい戦いに臨むときはなおさらだ。

理由はいくつかある。第一に、戦略的な方向性を明確かつ単純に示さなければ、組織を死の谷から脱出させることは極めて困難になるということだ。そこに至るまでに、多大なエネルギーを費やしてしまったはずだ。社員はやる気を失い、お互いに反目するようになったかもしれない。士気を失った組織に、いくつもの目標を目指せるはずはない。たったひとつの目標でさえ、達成するのは大変なことなのだ。

もしも競争相手が追ってくれば（たいていは追ってくる。だからこそ「パラノイアだけが生き残る」のだ）、追っ手を振り切ることしか死の谷から脱出できる方法はない。そのためには、ひとつの方向を目指してできる限り早く走るしかない。追っ手がいるのだから、ほかの方向にも行けるように準備する必要があると考える人もいるかもしれない。リスクヘッジだ。だが、私の答えはノーである。ヘッジすることは高くつくし、気力を散漫にしてしまうことにもなる。焦点を絞らなければ、組織の資源やエネルギーは広く浅く拡散してしまうのである。

2つめの理由は何か。死の谷を歩き続ける間、谷の向こう側が見えたと思うかもしれないが、それが本当の向こう側なのか、ただの幻なのか、確信は持てない。それでも、決めた道を、決めた速さで進まなければならない。さもなければ、いずれは水やエネルギーを使い果たしてしまうことになるからだ。

もし、あなたが間違っていれば、そこで死ぬことになる。しかし、多くの企業の場合は、間違ったから倒れるのではない。企業の死は、自らの方針を明らかにしないときに訪れる。決定を下さなければと足踏みしている間に、勢いも大切な資源もなくなっていく。つまり、最も危険なのはじっと立ち尽くすことなのだ。

明確な命令

会社が迷走しているときには、経営陣は混乱しているものだ。経営陣が混乱するとなにもかもうまくいかない。社員が皆、無気力になるからだ。こういう時こそ、進路を決めてくれる力強いリーダーが必要なのである。必ずしもベストの進路である必要はない。ただ力強く、はっきりとしたものであればいいのだ。

死の谷にいる組織は、ともすれば混乱の沼地へと押し戻されてしまう。経営陣が出す曖昧なシグナルを、社員はとても敏感に感じ取るからである。

経営陣はしばしば、うかつにもこうした混乱を増長させてしまうことがある。以前、ある経済記者が、日本の大企業の経営者と会ったときの様子を話してくれた。記者は、その企業の紹介記事を書こうとしていた。同社の戦略について彼が質問すると、相手は怒った調子でこう言い返した。「われわれの戦略を教えるとでも思っているのかね。そんな、競合を助けるようなことを」。この人物が戦略を話したがらなかった理由は、競合を助けるのを恐れたからではなく、実は戦略がなかったからだと私は思う。実際、この企業が何かを公表するとき、極めて曖昧だという印象がいつも拭えない。

混乱をさらに悪化させるもうひとつの要因は、矛盾した発言にある。変化している時期に、組織の頂点に立つ者が発したことばは、あれこれ詮索され、オーバーに伝えられるものだ（とりわけ社員によって誇張されがちである）。自社の戦略をいったん新聞に話した後で、発言を撤回した経営者の話を前に書いた。この一件で彼は信用を失うことになった。今後、彼が新たな方針を打ち出して、周囲の人間にそれを信じてもらうには、これまで以上に誠意を尽くさなければならないだろう。言い換えれば、一度混乱を招くと、その間違いを直して正しいメッセージを伝えるのには、かなりの労力を要するということだ。

重要なのは次の点だ。もしリーダーが谷の向こう側の様子を明確に表現できなかったり、口ごもったりしたら、大勢の社員が一丸となって慣れない新しい仕事を受け入れ、不透明な状況の中で将来の見通しもはっきりしないまま、必死に働くことなどできると思うか、ということである。

方向を明確にすること、すなわちどうしたいかを明らかにすると同時に、どうしたくないかも明らかにすることは、戦略転換の最終段階では極めて重要なことなのである。戦略転換点を通過するときは、いろいろな進路を見定めるためにも、いったんはカオスに支配させることが必要だった。それと同様に、混乱した状態から組織を率いて新しい方向に向かって仲間を動かすために、今度はあなた自身がカオスの手綱をとらなければならないのである。

カサンドラの話に耳を傾ける時は終わった。いろいろ試してみる時も終わった。いまや全部隊に進軍命令を、それも明確な進軍命令を下す時が来たのである。会社の資源を配置し直す時が来たのである。自分の資源、プライベートな時間、存在、ことば、社外での公式な発言（社員と直接話すよりも社内に対する影響力は大きいものだ）なども投入しなければならない。最も大事なことは、あなた自身が新しい戦略のモデル（手本）にならなければならないということなのだ。それこそが、この戦略に自分は賭けている、ということを理解させる最良の策なのである。

戦略上のモデルになるには、どうしたらいいのだろうか。まず戦略と一貫性のある事柄に関心を示すこと、新しい方向に合致した、どんな細かなことにも関わることだ。また同時に、戦略に添わない事柄には、注意を払うことも、労力をかけることも、関わることもやめることだ。

自分の行動が持っている象徴的な意味合いが、組織の中で影響を広げていくことを認識し、ややオーバーに行動を修正することである。

重要であっても、戦略上の優先順位が低い分野ならば、細かい所を無視したり、誰かに任せたりすることもできる。大事なことにしか重きを置かないという危険性はあるが、これは必要なリスクだ。行動を修正しすぎたり、無視したりしたがために、日常の仕事で齟齬をきたすことがあるかもしれないが、それは後からでも修復できる。しかし、ここぞという時に、的確な戦略転換を知らしめることができなければ、その失敗は修復不可能になるのである。

こういう時には、自分のスケジュールが最も大事な戦略的道具となる。たいていの経営陣のスケジュールは、それまでの行動の成り行きで決まっているものだ。約束を入れたり、会合に出席したり、予定を立てる時に、今までと似たようなスケジュールを組みがちだ。だが、その殻を打ち破らなくてはならない。以前と同じだからといって、安易に招待を受けたり、アポイントメントを入れたりする前に、少し考えてみよう。「この会議に出席すれば、私が今最も重要だと考えている新しい技術や新しいマーケットについて何か教えてもらうことができるだろうか。新しい方向を目指すとき、助けてくれるような人物に出会えるだろうか。私がこの新しい方向をいかに重要視しているかを伝えることになるだろうか」と自問するのだ。役に立つと思えば、出席する。そうでなければ、断わればいいのである。

重要なことは、方向を選ぶ時や覚悟を決める時は、ヘッジできないということである。そんなことをすれば、社員は困惑し、やがて投げ出して諦めてしまうだろう。自分が方向を見失うだけでなく、組織の持っているエネルギーをも浪費させてしまうのである。

新しい戦略的行動のモデルになるには、困難も伴う。大きな組織のリーダーは、その地位の性質上、管理職や社員の多くと直接接触する機会を持てないことが多い。全員と話すことはできないし、全員と顔をつき合わせて自分のアイデアを議論することもできない。だからこそリーダーは、強力な磁石のように、自分の決断や意思、ビジョンについて、距離を超えて伝える術を見出さなければならないのだ。

大勢の人間を相手に何かを伝えなければならないときには、意思の疎通や明確さはどんなにありすぎてもマイナスにはならない。社員に何度も語りかけること、職場に出向くこと、そして彼らを集めて自分が何をやろうとしているかを繰り返し説明することだ（「それは……ということですか」というタイプの質問には、特に注意を払って答えたほうがいい。自分のメッセージを明確に伝える絶好の機会だからである）。新しい考え方や主張が浸透するには、しばらく時間がかかるだろう。しかし、そうして繰り返しているうちに、新しい方向の説明はより明瞭になり、社員も徐々に理解できるようになっていくものである。そのためにも、できるだけ何度も話し、質問に答えることだ。ただ単に繰り返しているように思われるかもしれないが、実は戦略的メッセージを少しずつ明確にしているのである。

ここで中間管理職が特別な役割を担うことになる。自分のメッセージを遠い人に伝えてくれるのは、なんといっても彼らなのである。彼らを自分の考え方に巻き込み、新しい方向を伝えるための資源として動かすことができれば、自分の存在を何倍にも大きくすることができる。

彼らから全幅の信頼を得るために、より多くの時間を取って彼らと接することである。

多くの人たちと接することが大切なのは、社員からの質問攻勢を乗り切れるかどうかが自分を試す場にもなるからである。もちろん、社員が気楽に質問できる社風があることが前提ではある。社員の質問はたいてい鋭く、自由な雰囲気の中でなら外部の人にはできないような質問も投げかけてくる。戦略的に筋の通らない点があれば、彼らはすぐに嗅ぎつけ、突っ込んでくるだろう。

これはつらい。自分の思慮不足を隠したい気持になるかもしれない。たくさんの社員の前で、ほころびをさらけ出すのは恥ずかしいものだ。しかしながら、修正可能なうちに社員に指摘されるほうが、いざ市場に出てしまってから外部の人に指摘されるよりはずっといいはずだ。

テクノロジーがここで役に立つ。電子メールは、大勢の人たちと接触するのに適した新しい強力な手段だ。時代を先取りする企業では、すべてのコンピューターが企業内ネットワークに接続され、ネットワークでほかのコンピューターにメッセージを送れるようになっている。コンピューターの前に数分座れば、経営陣から組織内にいる数十、数百あるいは数千もの人たちに自分のアイデアや考えを伝えることができるのだ。これも電子コミュニケーションのなせる技だ。

ひとつ忠告しておこう。あなたのメッセージが明確なら、質問や反応が同じようにメールで戻ってくるだろう。それには返答することだ。あまり時間をかける必要はない。2、3行あれば、重要なことは伝えられる。これには大きな波及効果がある。返事を宛てた人間だけでなく、ネットワークを通じてほかの社員のもとにも転送される可能性があるからだ。まるで、コンピューターからコンピューターへとこだまが伝わるかのようにだ。メールは、社員集会で質問に答えるのと同様の役割を果たす電子機器と考えればいい。明快で的を射た返事を送れば、社員の考えを望ましい方向へ向けさせることができる。

私は日に2時間ほどかけて、世界中から届くメッセージを読み、返事を送っている。一度に全部は読まないが、その日の仕事が終わるまでには目を通すようにしている。メールには、自分の考えや反応、先入観、好みが非常にはっきりと映し出される、というのが私の実感である。同様に大事なのは、メールを受け取ることによって、大勢の人の考えや反応、偏見、好みがわかることだ。このツールのおかげで、現場の情報を伝えてくるカサンドラが増えた。意見の衝突に出くわすことも多くなったし、まったく知らない人物から仕事上の噂話を聞く機会も増えた。インテルの全社員がひとつのビルにいて、歩き回りながら全員と気軽に顔を合わせて話ができた頃より、そういったチャンスが増えたのである。かつては「足で経営する」と言われたものだが、今ではかなりの部分、キーボードの上を歩けばよくなった。インテルが世界中に拠点を持つようになった今では、すべての時間を費やしても60あまりのビルを歩いて回るのは無理な話だ。そうなると、電子メールの重要性はなおさら高まることになる。

経営陣が社内テレビやビデオなどで、社員に新しい戦略を伝えようとするケースはたくさんある。これは一見、合理的で簡単なようだが、それほどの効果は期待できない。なぜなら、一方通行のメディアであるために、対話や「それは……ということですか」といった質問を受けるという双方向の要素が失われているからだ。社員と向き合っての討論や、電子メールでのやり取りがなければ、あなたのメッセージは単なるたわごとで終わってしまう可能性が大きい。

やすきに流れないようにしなくてはならない。社員に対して、双方向でオープンに戦略転換を伝えていくことは簡単なことではない。しかし、絶対に必要なことなのである。

新たなものへの適応

インテル共同創業者のゴードン・ムーアは、ここ5年以内に、われわれ経営陣の半分をソフトウェアのわかる人間にならなくてはならない、と語った。これは、わが社にとって貴重な洞察であると同時に、「10X」の力と格闘している企業にとっても同様の価値を持つものである。簡単にいえば、経営陣を変えないかぎり、企業を変えることはできないということなのだ。別に、さっさと机を片づけて辞めろといっているわけではない。経営陣の一角を占めている人がそれぞれ、新しい環境に応じて変わらなければならないといっているのである。場合によっては学校で勉強し直すとか、別の部署に移るとか、海外で数年間働くといったことが必要なのかもしれない。とにかく適応しなくてはならないのだ。もし、それができない、あるいはしないのなら、会社が目指す新しい世界にもっとふさわしい人物と交代させなくてはならないのである。

わが社の場合、ゴードンのことば通りに、経営陣が替わった。確かに、会社を辞め、新しい条件に適合する経歴を持つ者と交代させられた者もいた。しかし、大半の者は新しいスキルを身につけた。たとえば私の場合、前にも述べたように、パソコン業界のソフトウェア会社の戦略について学んだり、これらの企業の経営者と人間関係を築いたりすることにかなりの時間を割いたりした。横滑りで新しい担当部署に異動した者もいたし、一段低い任務を担当した（つまりは降格された）後、新戦略に必要な知識を学んで力をつけ、再び経営陣に加わった者もいた。われわれはこういう人事を頻繁に行ったので、会社が新しい目標を目指すためには、必要な新しい知識を学ぶ必要があるということが幹部の間で受け入れられるようになったのだ。

適応するために行動しているのは、なにもインテルだけではない。50年以上もの間、新たな目標に適応し続けてきた企業がある。ヒューレット・パッカードだ。彼らがどのようにして新しい目標に取り組んでいるかを見る機会があった。ここ数年の間に、ヒューレット・パッカードの経営陣は、自分たちの今後のマイクロプロセッサーに、インテルの技術を全面的に採用することを決定した[6]。現在彼らは、コンピューターに自社設計のマイクロプロセッサーを搭載しているが、今後の成長を見越して、自社だけでなく、他社も使っているマイクロプロセッサーに頼らざるを得ないという結論を下したのである。

これは、彼らのビジネスにとって非常に大きな変革であり、難しい決断であったはずだ。私は彼らとの会議に出席し、その過程を垣間見て、なぜヒューレット・パッカードが驚くほどうまく長期にわたる転換の舵を取れたのかを理解することができた。その議論は理性的で、威圧することもなく、ゆっくりとしてはいるものの、堂々巡りすることなく、着実に前に進んでいくものだったのだ。

時には、経営陣が今までとはまったく違う新たな方向へ進むことが必要だと理解していても、社員を引っ張っていけない場合がある。アップルのCEOを1983年から1993年まで務めたジョン・スカリーが、ハーバード・ビジネス・スクールで講演したときのビデオを見たことがある。その中で彼は、今までに犯した大きな間違いを2つ挙げていた。ひとつは、アップルのソフトウェアをインテルのマイクロプロセッサーに対応させなかったこと。もうひとつは、当時画期的とされたアップルのレーザープリンターをMac以外のパソコンでも動くようにしなかったことだという。私はこの話を聞いて驚いた。彼は横割り型の産業構造が意味するところを理解していたのである。ただ、彼には、縦割り型コンピューター会社としての15年に及ぶ成功が生んだアップルの成功の慣性に打ち勝つだけのパワーがなかったからなのだ。

さらにワング・ラボラトリーズの興味深いケースもある。設立者であるアン・ワング博士のリーダーシップの下、この企業は卓上計算機から分散型ワード・プロセッシング・システムの草分けへと目覚ましい変貌を遂げた。ワング博士は、こうした技術を理解しており、社内で絶対的な権威を持っていた。彼のビジョン[7]が会社の法であり、その法は的確であった。しかし、パソコン革命が本格的になった1989年、ワング博士は重病にかかっていた。しっかり舵を取ってきた船長が不在で、また変革のこの時期に会社のアイデンティティを見つけられる経営陣もおらず、会社は戦略的方向性を見失ってしまったのだ。その結果、会社は倒産の憂き目を見たのである[8]。

なぜ、アップルやワングはカオスの手綱をとれなかったのだろうか。

戦略転換点をくぐり抜けてうまく舵を取る企業は、ボトムアップとトップダウンの両方が相互にうまく作用しているといえそうだ。ボトムアップの行動は、中間管理職から起こる。彼らは、仕事の性質上、変化の匂いを最初に嗅ぎとる場所にいると同時に、変化が最初に起こるあたりにもいるのである（雪は周辺から解けることを思い出してほしい）。それゆえ、変化を早期にとらえることができるのだ。だが、仕事の性質上、限られた範囲にしか影響を与えることができない。生産計画担当者はウェハーの配分を変えることはできても、マーケティング戦略を変えることはできないのだ。彼らの行動は、経営陣の行動にある程度は合致したものでなければならないのである。経営陣は変化の風を直接感じることはできないにしても、一度新しい方向に動くと決めたら、組織全体の戦略に影響を及ぼすことができるようになる。

ボトムアップとトップダウンが同程度に強い場合に、最高の結果が得られるようだ。

このポイントは図8－2のように表すことができる。

最も良いのは、右上である。強力なトップダウンと強力なボトムアップのバランスがほぼとれているからだ。

動的な相互作用

行動が動的ならば、つまり経営陣が組織をカオスの支配に任せ、次にカオスの手綱を操るこ

図8-2　動的な相互作用

		ボトムアップの行動　弱	ボトムアップの行動　強
トップダウンの行動	強	ワング（ワング博士が在籍）	ヒューレット・パッカード
トップダウンの行動	弱	ワング（ワング博士が不在）	アップル（スカリーが在籍）

とができるのであれば、こうした相互作用はかなりの効果を生む可能性がある。トップ経営陣が、組織に対する手綱をほんの少し緩めると、ボトムアップによって、カオスが組織内に広がっていく。いろいろ試してみたり、今までとは違う製品戦略を求めたり、さまざまな方向へ会社を引っ張っていくことでカオスが生まれていくのだ。こうした創造的なカオス状態が支配的になり、目標がはっきりしてきたら、上級管理職の出番である。カオスの手綱をとるのだ。振り子のようにこの2つの行動の間を行き来するのが、戦略転換を実現させるための最適な方法なのだ。

この動的な相互作用は絶対に必要である。現実を考えても、死の谷を進む企業をどのように導くかという知恵が経営陣にしかないなどということはありえない。もし上級管理職が企業の伝統の産物なら、彼らの考え方は古いルールの鋳型にはまっていることになる。もし外から来た人材なら、新たな方向性の微妙なニュアンスを正確には理解していない可能性が大きい。したがって上級管理職は、中間管理職に頼らざるを得ないのだ。とはいえ、企業を引っ張る責務を、すべて中間管理職の判断に任せることもできない。彼らが詳細な知識と実践経験を持っていても、それは必然的に専門に特化したものであり、局部的には見ることができても全社的な観点で見通すことはできないからである。

私がこのことを学んだのは苦い経験を通してだった。1980年代半ばの危機以前、インテルではボトムアップ形式の戦略策定システムが徹底されていた。まず、中間管理職たちは、担当分野の戦略計画を準備するように指示される。それから、細かい議論を長々と行う会議の場で、上級管理職を相手に自分たちの考えや戦略、必要条件、計画を発表するのである。こうした会議はまさしく一方通行だった。中間管理職が発表までのすべての準備を行い、話すのもほとんどが彼らだった。一方、われわれ上級管理職はというと、テーブルの向かい側に座り、論理的ではない部分やデータとの一貫性に欠ける部分を洗い出すような質問をするだけだった。しかも、われわれの質問の大半は、重箱の隅をつつくようなもので、戦略的方向を示すようなものではなかった。

こうした会議がうまくいった時代もある。全社的な戦略が、競合企業よりも容量が大きく性能のいいメモリーを生産するという単純なものだった時代だ。会議の内容は詳細に及んだ。たとえば、どんな技術が必要で、どうやって開発するのか、こうした技術に基づいてどんな製品を作るのか、等々。

しかし第5章で述べたように、戦略転換点の波間に漂流しはじめると、このシステムでは大きな時代の変化にまったくといっていいほど対応できないことがはっきりしてきた。メモリー生産を管理する中間管理職が、「そもそもメモリー事業で、われわれにチャンスはあるのだろうか」というような大きな問題にどう対処できるというのだろうか。マイクロプロセッサー部門の責任者に、「成長が見込まれるマイクロプロセッサー部門を無視してまで、わが社の最高の資源を問題の多いメモリー部門につぎ込むのは正しいのか」などと、根本的な問題を提起することができるだろうか。そこで上級管理職が介入し、厳しい行動をとらねばならなかった。われわれも、大幅な赤字に迫られてようやく手を打ったのである。しかしそのとき、戦略を練るのにもっといい方法があるはずだと悟ったのである。

われわれに必要だったのは、視野は狭くても深い知識を持つ中間管理職と、広い視野で流れを読める上級管理職のバランスの良い相互作用だった。この相互作用はしばしば熱く知的なディベートを導く。そうしたディベートによって、谷の向こう側の形が早期に明らかになり、その方向を目指して断固とした行軍が取りやすくなるのである。

社風として、ディベート（カオスが広がる）と決断後の進軍（カオスの手綱をとる）という2つの段階に取り組む組織は、強力で順応性がある[9]。

こういった組織には2つの特質がある。

1　ディベートを行うことが容認されている、あるいはむしろ奨励されている。こうした組織のディベートでは、地位に関係なく活発なやり取りが行われ、課題発見に全力が注がれる

[10]。また、さまざまな地位と経歴の人間が参加する。

2 組織全体で明確な決定を行い、受け入れることができる。その決定は全組織をあげて支持される[11]。

こうした特徴がある組織は、ほかの組織よりもはるかに戦略転換点に向かう態勢が整っている。

こういう社風は、すぐにでも導入したくなるほど合理的に見えるが、経営するにはそれほど簡単な環境ではない。とりわけまだあなたがその企業に移ったばかりで、振り子の微妙な動きに慣れていない場合は大変だ。思いついた例を挙げてみよう。以前、社外から非常に優秀な人材を上級管理職として採用した。コンピューターの専門家を管理職に入れるプロセスの一環だった。彼は新天地に慣れ、わが社の特徴でもあるギブ・アンド・テイクを楽しみ、会社の仕事のやり方を理解しながら、まわりに追いつこうと、こつこつと努力しているようだった。ところが、彼は真に物事をうまく運ぶための本質を見落としていたのである。

ある時、彼は委員会を組織し、ある問題を調査して提案を出すように指示をした。彼自身は自分の望んでいる方向がわかっていて、委員会に向かうべき方向を示すことができたのだが、ボトムアップ形式でも同じ結論を出してくれることを期待したのだ。その後、委員会が彼の考えとは逆の提案をまとめたとき、彼はまずいことになったと思った。その段階になって、彼は、今まで何カ月もかけて問題に取り組んで結論を出した人々に対して、自分の解決策を押しつけようとしたのだ。うまくいくはずがなかった。結論を出す段階に来てそのような指示を出したために、まわりからはまったく身勝手な指示だと思われたのだ。わが社特有の仕事の仕方とは馴染まなかったのである。彼自身も、どこで自分が間違ったのか理解するのに大変苦労したようだった。

谷の向こう側

多くの企業が戦略転換点を通り抜けてきた。彼らは生き抜き、競争を続け、勝利さえ収めた。死の谷での戦いに生き残り、谷に向かったときよりも強くなって這い上がってきたのである。

ヒューレット・パッカードは、３００億ドル企業になった[12]。コンピューター分野での成功がその大きな理由である。この分野ではＩＢＭに次いで第2位だ。

インテルはマイクロプロセッサーを中心にした戦略で、半導体メーカーとしては世界最大の企業となった。さらには、ペンティアム・プロセッサーの欠陥という危機から抜け出し、それまで以上に強靭で、かつ顧客の期待にも応えられる企業になっている。

ネクストは存続し、ソフトウェア企業としてコンピューター業界に貢献している。

ＡＴ＆Ｔと地域電話会社も繁栄し、競争している。分割される前に比べると、その株式時価総額は何倍にもなった[13]。

シンガポールとシアトルの港は活況を呈している。

映画会社ワーナー・ブラザーズは好調の波に乗って、一大メディア企業となった。

死の谷の向こう側には、変革前には想像できなかった新しい業界の秩序がある。経営者は、その光景を目の前にするまで、新しい地形図を頭の中に持ってはいなかった。戦略転換点を乗り切るには、混乱の時期、カオスと試みを繰り返す時期に耐えなくてはならない。その後、当初は漠然としていた目指すべき新しい方向に一心に突き進む時期がくる。そのためにも、カサンドラの話に耳を傾け、意識的にディベートを激しく戦わせ、絶えず新しい方向性を明確に打ち出していくことが必要なのだ。最初は暫定的でも、繰り返しているうちに明確になるものだ。傷を負う者、別人のように変わる者が出てくることは避けられない。全員が生き残ることはなく、また生き残った者も以前と同じではいられないという事実を受け入れることも必要だ。

断言してもいいだろう。戦略転換点という死の谷を通ることは、組織が耐えなければならない試練の中でも最大のものだ。けれども、「10X」の力が降りかかってきたときに選べる道は、変化に立ち向かうか、必然的な衰退を受け入れるか、2つにひとつで、まさに選択の余地はないのだ。

第9章
インターネットはノイズか、シグナルか

The Internet: Signal or Noise? Threat or Promise?

数千億ドル規模の市場を左右するものは、それが何であろうと見逃せない。

Anything that can affect industries whose total revenue base is many hundreds of billions of dollars is a big deal.

本書を執筆している間に、ネットスケープの株式が公開された。私はこの企業のことを知っていたし、その将来をたいへん有望視してもいた。しかし、同社の株が公開された初日に株価が急騰したことと、さらにその後の続伸ぶりには驚いた[1]。この株価の急騰には、明確で合理的な理由が見出せなかったからだ。何かが起こっていたのである。単に、将来有望な新会社が、増えつつある投資家の目にとまったというだけではなかったのだ。

ネットスケープの事業領域は、進化し続けるインターネットと密接に関わっている。また、ネットスケープの株価高騰に伴って、ほかのインターネット関連企業の株価も高騰したことで、投資家たちの熱狂ぶりは、ネットスケープだけでなく、インターネットに関連していたことがはっきりしてきた。

マスコミもこの動向に反応した。長い特集記事が雪崩のように続き、いずれも一様に、ネットスケープ、サンなどのインターネットを基盤とするソフトウェア会社と、マイクロソフトに代表される既存の体制との劇的な対決を描き出していた[2]。

何かが起こっていた。何かが変わりつつあったのだ。

インターネットとは一体何なのか

インターネットが一体何なのかよくわからないが人に尋ねる勇気はない、という読者のために、少しおさらいをしてみよう。簡単に定義すると、インターネットとは相互に接続されたコンピューターのネットワークのことだ[3]。カリフォルニアにあるパソコンが、インターネットに接続されているだけで、やはりインターネットに接続されているほかのコンピューターとデータを交換できるのである。相手のコンピューターは、カリフォルニア、ニューヨーク、あるいはドイツであろうと、香港であろうと、どこにあってもいい。

インターネットの先駆けは、1960年代末に米国政府の主導により、政府の財源で研究用の大型コンピューター間を接続したものだ。その基本構想は、核攻撃によって通常の通信インフラが破壊されて使用できない場合にも利用可能な通信手段を確保することだった。その後、ほかのコンピューターの接続もはじまった。大学ネットワーク、企業ネットワーク、政府ネットワークが次々に開発され、すでにつながっていたほかのネットワークと接続されて、インターネットは成長し続け、拡大していった。より多くのコンピューターが相互に接続されれば、それだけ接続する価値も高まることが、急成長を加速させていった。インターネット上のすべてのコンピューターが形成する相互接続されたネットワークは、「接続協同組合（connection co-op）」とでもいうべきものを形成している、と私は考えている。

この「接続協同組合」を成り立たせている重要な要素は、接続のためのルールが定義されているということだ。そして、このルールに従えば、どのようなネットワークでも既存のネットワークに接続できる。私は、19世紀の鉄道網の発達も同じようなコースをたどったのではないかと思っている。無数にあった鉄道会社は、共通のレール幅を持つ線路を採用することに合意しなくてはならなかったのだ。そうすることで、あらゆる環状線や支線が米国全土に広がる鉄道網につながり、貨車はカリフォルニアからカンザスまで、途中に何の支障もなく異なる鉄道会社が所有する線路区間を通過できることになっていた。同様に、現在では大量のデータがカリフォルニアから発せられ、無数の線を通ってネットワークの境界をいくつも横切り、目的地、たとえばカンザスにあるコンピューターへと到達している。言い換えれば、インターネットとはコンピューター・データが通過する共通の線路だ、ということもできるのだ。

この相互接続されたコンピューター・ネットワークの発達は、数十年にわたって進行中だ。当初、このネットワークは、政府と大学の研究者が互いにコミュニケーションを行う手段として設立され、その成長速度は緩やかだった。その後、インターネットは新しい現象に出会った。それは、ローカル・エリア・ネットワーク（LAN）に接続されたパソコンの急速な増加だ。

LANの出現という現象は、インターネットとは無関係に、企業やその他の機関でパソコンが急増したために生まれたものである。パソコンはもともと単体での作業にのみ使用されていたが、次第に相互接続されるようになったのだ。最初は高価なプリンターを共有できるように、やがてデータ、ファイル、メールを交換できるようにするために接続された。そして組織内で無数のパソコンがLANを介して相互接続されるようになると、LANをインターネットに接続できれば、と考えるようになってきたのだ。もし実現すれば、その企業のネットワークは

「接続協同組合」の一員になることができる。そして2つの現象、つまりインターネットそのものの発展と、ネットワーク化されたパソコンの発展が集約され、インターネットは企業LANを取り入れながら飛躍的に成長していったのである。

成長率が上昇しただけでなく、インターネットに関わる人たちの特徴も変わった。もともとインターネットに関わっていた人たちは、もともとは大学の研究者であり、研究論文、レポート、データを互いに送信し合っていた。しかし、ネットワーク化された無数のパソコンが「接続協同組合」に関わるようになると、インターネットはすべてのパソコン・ユーザーがつながるための手段になったのである。

インターネットのように複雑なネットワークが、このように無秩序な成長に対応できるのはなぜだろうか。その理由は、インターネットがまさしく「接続協同組合」であるという点にある。企業が自社のネットワークを強化すれば、それはネットワーク全体の強化に役立つ。それは優れた協同組合において、個人が自分の利益のために活動すれば、全体の利益のためにも貢献することになるのと同じことである。

インターネットそのものの動作メカニズムもまた、処理量の急増を促す仕組みになっている。インターネットが作られた当時の基本構想は、長距離の電話回線を介してデータを送信するルートに多数の代替ルートを設けておき、ひとつのルートが遮断されてもシステムが自動的に別のルートを見つけるようにするというものだった。一連のデータをパケットと呼ばれる小さなかたまりに分けることで、すでに流れているビット・ストリームに、より簡単に入り込めるようにする。このアプローチでは、ネットワークの容量を追加の投資なしに増やすことができる。少し思い切った例を挙げてみよう。何人かの旅客を出発時刻間際になって飛行機に乗せることを考えてみてもらいたい。飛行機には大きなグループをまとめて座らせる座席の区画はないが、たいていはいくつかの空席がばらばらにあり、別々にならば搭乗できることが多い。航空会社も、空席を残したまま出発するくらいなら、そのチケットをあえて安くしても売りたがる。インターネット上でのデータのパケットは、長距離電話ネットワークという飛行機の、本来ならば空席になっていた座席に座っている乗客のようなものだ。ほかのユーザーのパケットとパケットの間にできた隙間を埋めているのだ。このような伝送方法をとることによって、既存の電話ネットワークを極めて効率的に使用できるのである。

インターネットの成長を速めた現象がさらに2つある。そのひとつは、パソコンが改良、つまりグレードアップされてマルチメディア・パソコンになったことである。カラフルなグラフィックス、写真、音声そしてビデオまで処理できるようになった。そしてもうひとつは、ティム・バーナーズ=リーというCERN（ヨーロッパの核研究機関）の研究者が開発した、コンピューターのデータを他の任意のコンピューターのデータに簡単にリンクする方法である。この方法を使うと、コンピューター・ユーザーはこの離れ技を実に簡単にやってのけることができる。会社名など、ハイライトされたキーワードをクリックするだけで、インターネットのネットワークを通じて自動的に接続がなされ、その会社についての情報を保存しているコンピューターのデータが開き、内容を見ることができるのだ。カラフルなグラフィックとバーナーズ

＝リーの検索方法を組み合わせたのが、インターネットの一部分であるワールド・ワイド・ウェブである。

コンピューター・ユーザーにとって、自分の机上のパソコンが、世界中の無数のコンピューターへの入り口になることは大いなる驚きだ。しかも、そのコンピューター内のデータは、カラフルなグラフィックや、写真、そして簡単な音声やビデオも使える、高品質なものとなった。これらが、インターネットを魅力的で驚きにあふれたものにしている。

これまで述べたことを要約しよう。この驚異は、次の4つの力の流れが合わさって可能となったものである。相互接続されたネットワークが発達し続けていること、LAN上に莫大な数のパソコンが存在し、「共通の線路」を経由して巨大ネットワークに接続できるようになったこと、パソコンでマルチメディアが普及してきたこと、そしてバーナーズ＝リーの検索方法の出現、である。ちょうど、化学物質をうまく混ぜ合わせると自然発火することがあるように、この4つが合わさって、インターネットに対する一般の人々の関心に一挙に火がいたのである。しかしながら、これは一瞬の閃光なのだろうか、それとも持続的な変化のはじまりを告げるシグナルなのだろうか。

私が本書を執筆している間に、半年ごとに開催しているインテルの戦略会議が近づいてきた。この会議での私の役割は、私の目から見たわが社のビジネス環境について説明し、重大な変化について注意を喚起することだ。そして、インターネットはわが社を取り巻く環境の中でこの一年で最大の変化である、と感じたのである。

しかし、そう感じたというだけでは不十分だ。私が取り組まなければならない問題は、それがインテルにとって「10X」の力になり得るのか、もしそれが「10X」の力だとするなら、わが社は何をすべきか、ということなのである。

ビットの集まりと奪われる目

私はかなり長時間考えた末に、世界中のコンピューターが接続されているという現象は、多くの業界に影響を与えるだろうと感じるようになってきた[4]。

インターネットは通信技術のひとつであるから、当然、通信業界には影響を与えることになりそうだ。それは「10X」の変化になるのだろうか。電話回線を利用して、一定量の情報を送信するためにかかるコストを考えてみてほしい。データ・パケットをインターネットで送信するテクノロジーは、既存のインフラをはるかに効率的に使用するものだ。このため、通常の電話接続よりも格安なインターネット接続サービスが急速に登場しはじめている。つまり、インターネット上でデータをやり取りすることは、従来の電話による通話よりコストパフォーマンスが高く、コモディディ化された接続だということなのだ。

それに加えて、これまでは電話で伝えていた情報がデータに置き換えられるようになったことで、さらに効率が上がることになる。これは、文書を電話で読み上げずにファックスで送信することに少し似ている。より短い時間に大量の情報を送信できるので、コストパフォーマンスはさらに高くなる。ここまでの議論はすべて、電話会社の収益が減る可能性のあることを示唆している。

しかし、インターネットはまた、電話会社にとって新たなビジネスチャンスでもある。回線接続インフラを整備したときの大規模な投資が実際に活用される可能性があるのだ。これにより、長距離通信業者はジレンマに陥る。長距離通信業者は、インターネットを歓迎するのだろうか、それとも敬遠するのだろうか。

言い換えれば、通信業界にとって、インターネットはプラス面もマイナス面も持っているということだ。短期的には、インターネットの利用者が増えることは脅威であるが、長期的に見れば、画像、音声、ビデオを豊富に含んだデータによってインターネットの採用が増えることで、新たなビジネスチャンスが期待できる。インターネットが通信業界に与えるインパクトを一枚のバランスシートに描いてみると、図9-1のようになるだろう。

インターネットは、ソフトウェア業界にも同様にインパクトを与えるだろう[5]。インターネットを利用すれば、ソフトウェアの販売がこれまでとは比較にならないほど効率的に行えるのである。考えてもみてほしい。インターネット上を通るのは、すべてビットの集まりだ。そして、ソフトウェアもまたビットの集まりにほかならない。現在、ソフトウェアメーカーは、このビットの集まりをフロッピーディスクやCD-ROMに入れ、それをカラフルな外箱に入れて小売店の棚に置き、まるで洗剤やシリアルのように販売しているのだ。

しかし、ワープロやコンピューター・ゲームを構成しているビットは、インターネットを使

図9-1　通信業界にとってのインターネットのプラスとマイナス

■プラス

- 新しいデータ通信ビジネス
- インフラストラクチャー投資の有効利用
- 画像、音声、ビデオによりデータ量が増大（より多くの通信量）

■マイナス

- データ通信が既存の電話に取って代わる（通信量が減る）
- 通信がコモディティ化する

うことで、効率的にメーカーから顧客のコンピューターへ直接送り届けることができる。ビットの集まりを一台のコンピューターからほかのコンピューターへと自由に流すことができれば、誰かがそのビットの集まりでできたソフトウェアを、それがサイズの大きいビットの集まりであっても、あるコンピューターから別のコンピューター、あるいは無数のコンピューターへと転送することができるのである。外箱や販売棚のスペースの必要もない。そして仲介業者も必要ない。販売プロセス全体が明らかに効率的で、言うまでもなく、ソフトウェアのアップグレードや変更も、格段に容易になる。

この現象を小売業者の立場からとらえてみよう。小売業者はこれまで、きれいな箱に梱包されたビットの集まりを仕入れ、販売することによって大きくビジネスを展開してきた。インターネットは、このような小売業者に、ウォルマートの進出が小さな町の小売店に与えたのと同じインパクトを与えるのではないだろうか。確実に「10X」の力のようだと感じることだろう。

ソフトウェアビジネスに影響するもうひとつの現象は、インターネットがソフトウェア設計におけるまったく新しい土台を提供することである。この土台は、インターネットに接続されているどのコンピューターの仕様にも関係なく、すべてのコンピューターに対応する。もしも多数のソフトウェアがこの新しい土台に基づいて開発されることになれば、インテルや、わが社の製品を基盤にビジネスを展開しているコンピューター・メーカーや、ソフトウェア開発業者のビジネスが奪われてしまうことになるかもしれない[6]。これはコンピューター・メーカーやソフトウェア開発業者に「10X」のインパクトを与えはしないだろうか。そして、わが社にとってはどうなのだろうか。

しかもこれだけではない。全メディア関連企業が、インターネットの渦に巻き込まれているのだ。ここ数年間でメディア関連の実質的にすべての企業、バイアコム、タイム・ワーナーなどが、実験的に「ニュー・メディア」部門を設置した。そして、そのほとんどが、今ウェブに注目している。また、新しい企業が米国の東西両海岸に登場してきていて、自社のウェブサイトを自分で作成して、その情報を何人が見たかをカウントしたい、などの要望を持つ企業にサービスを提供しようとしている。さらには、広告業者までもがこの動きに参加しはじめている[7]。

こうなってくると、これは通信業界やパソコン業界に起こっていることよりも大きな動きになる可能性がある。ある推計によれば、世界中で使われている広告費は、およそ3450億ドルに上る[8]。現在、この費用はすべて、新聞、雑誌、ラジオそしてテレビでの広告にあてられている。GM、コカ・コーラ、ナイキのような広告主からの資金は、既存のメディア業界全体を潤しはするが、パソコン業界あるいは通信業界に流れることはなかった。しかし、それが今変わろうとしているのかもしれない。

この業界のインターネット活用前、活用後をまとめると図9－2のようになるだろう。

この図は、インターネット、正確に言えば、ウェブが、GM、コカ・コーラ、ナイキなどの広告主にとって、顧客にメッセージを伝達する新しい選択肢になっていることを示している。大規模に実施するとなれば、消費者である視聴者の目を、現在の広告（すなわち新聞、雑誌、ラジオそしてテレビ）から奪い、ウェブの画面へと向けさせなければならない。もしもこれがかなりの規模で実現されれば、明らかに新旧両業界にとっては一大事になる。旧業界である新聞、雑誌、ラジオ、テレビ・ネットワークは、資金源の一部を失うことになるだろうし、新業界である接続プロバイダー、ウェブ関連業者、コンピューター製造業者は、この資金の一部を手に入れることになるだろう。後者にとっての恵みは、明らかに前者の損失と一致するのだ。

しかし、これを大規模に実現するためには、従来のメディアから多くの目を引き寄せる必要がある。インターネットの情報が、既存のメディアから発信される内容と同程度に人々の関心を集める必要があるのだ。コンピューター画面に活力を与えるための試みが多数進められている。物体を三次元に見えるようにしたり、見ている人がまるで部屋の中を歩いているかのごとく、物体の間を歩き回れるようにしたり、高品質の音声とビデオでコンテンツをより豊かなも

図9-2　メディア業界――インターネット前とインターネット後

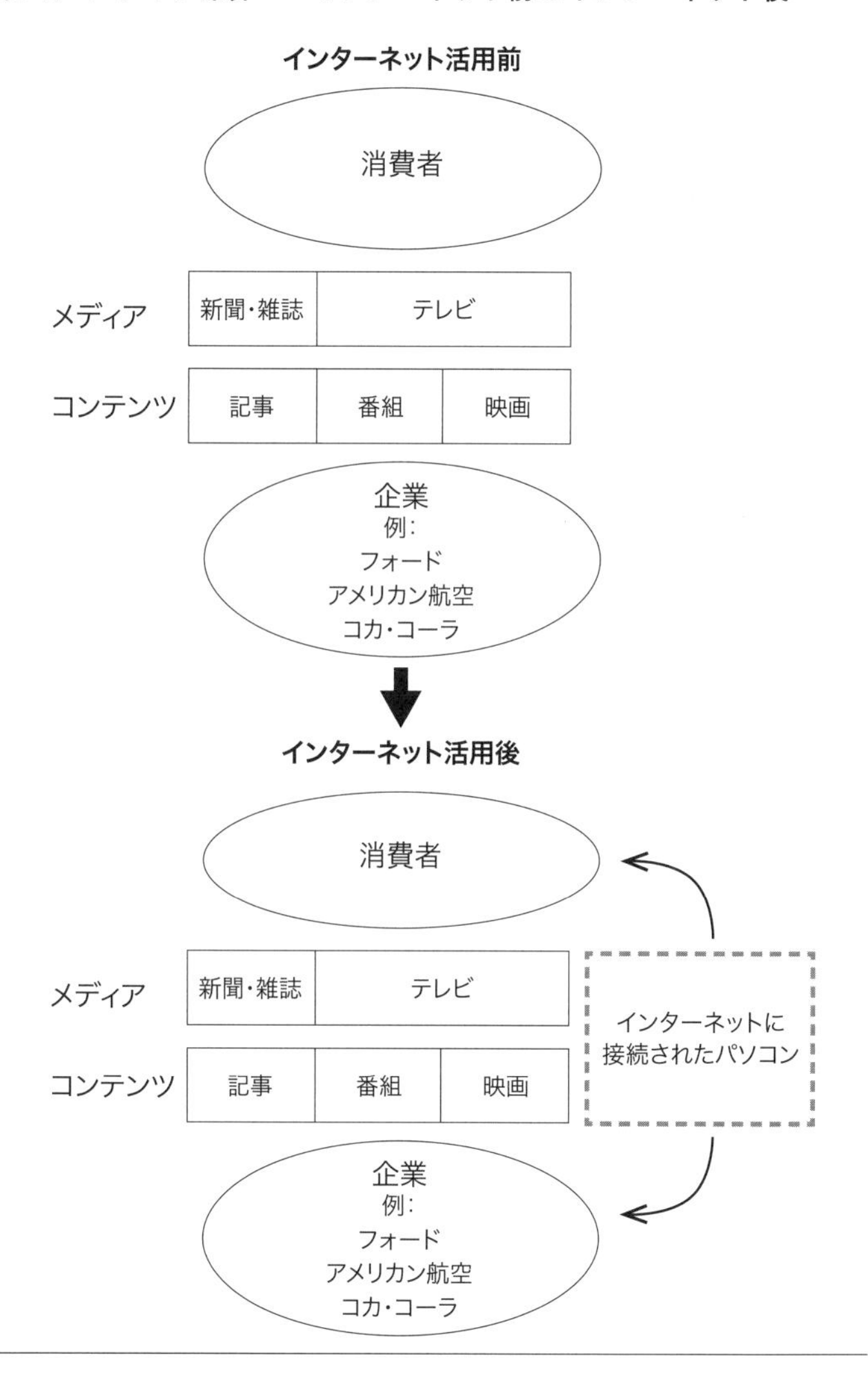

のにしたりするテクノロジーだ。このような進歩が、ウェブの情報を多彩なものにすることに活かされれば、ウェブがテレビ画面で見慣れている品質に肩を並べ、追い越すこともあるだろう。その上、パソコンの製造台数が、白黒とカラーを合わせたテレビの製造台数を、来年または再来年には追い越すだろうと見込まれていることから、インターネットに接続されたパソコンは、実際にテレビに取って代わる最大の候補となりそうなのである。

メディア業界の規模を考えれば、新しい担い手が手にする報酬は非常に大きい。そして市場が拡大し、活況を呈して、担い手すべてに利益を与えるほどにならない限り、当然、従来のメディア業界は損失を被ることになるだろう。われわれは新しいメディア業界の誕生をこの目で見ることができるかもしれない。もしそれが実現すれば、それは確実に「10X」の力による変化になるのである。

わが社はどうするか

近づきつつある会議に向けて、インテルを取り巻くビジネス環境評価の準備をはじめてみると、考えなければならないことが山のように出てきた。相互接続されたコンピューターが新メディア業界の基盤となるならば、わが社のビジネスに非常に大きなプラスのインパクトをもたらすことは明らかだ。1980年代、オフィスにおける個人の生産性向上が、この業界を成長へと導いた。そして1990年代、作業者間でデータを共有することで、やはり成長を続けた。

もしこの業界が広告を配信するメディアのひとつになれば、次の10年間もこの成長を続けることが可能になるだろう。これを実現させるためには、コンテンツが生き生きとしたものになり、物体が三次元で表現され、音声とビデオは同時に再生できるようにならなければならない。そして、これらを構成する大量のビットを処理するためには、現在のマイクロプロセッサーよりも強力なマイクロプロセッサーが必要になる。そうなれば、われわれのビジネスの未来は非常に明るい。

しかし（〝しかし〟は何事にもつきものである）、インターネット用に開発されたソフトウェアが、どんなマイクロプロセッサー上でも動作するということになると、わが社のビジネスは多数を相手にする競争にさらされかねない。現在のところ多くの企業は、自分たちのチップではパソコン・ユーザーの大部分が使用しているソフトウェアを動作させることができないために、競合になっていないのだ。しかし、ソフトウェアがどんなチップでも動作できるようになれば、わが社の製品は汎用品になってしまうかもしれない。差し迫った脅威はこれだけではない。

低価格の「インターネット端末」の登場をあちこちでふれ回っている企業が数社ある[9]。これは単純化されたコンピューターで、インターネット上のどこかに設けられた別の大きい中央コンピューターに、データの蓄積や込み入った計算のほとんどを行ってもらい、コンピューターのユーザーには、必要になった時点でソフトウェアやデータを転送するだけという代物らしい。

このようにすれば、すべての処理は背後にある大型コンピューターのネットワークで実行されることになり、ユーザーは今ほどコンピューターのことを知っている必要がなくなる、という話だ。このようなインターネット端末ならば、単純で安価なマイクロチップの上に作り上げることができる。明らかに、これはわが社のビジネスにとって不利なことだ。

しかし、この話については多くの疑問点がある。最も疑問に思われるのは、そのようなコンピューティング装置が技術的に可能なのか、ということである。おそらく可能だろうが、きっと多くのことができないだろう。根本的な話をすれば、コンピューティングの持って生まれた宿命を無視することはできない。安いマイクロプロセッサーは概して遅い。単純で安いマイクロプロセッサーは、人々の目を引きつける魅力的なコンテンツを作成するような高度な処理はできないだろう。今なら25年前に普及したような、当時としては十分な機能を備えたテレビを、現在のテレビよりもはるかに安く作れるのは確かだ。しかし、テレビやコンピューターに昔の機能を求める消費者はいない。消費者は、値段が安いことは歓迎するが、わざわざ技術的に後戻りまではしないものである。

さらにもうひとつ重要な現象がある。1995年には、6000万台ものコンピューターが売れた。なぜこんなに売れたのだろうか。ほとんどのコンピューターは、次の2つの使用目的で購入されたと私は考えている。ひとつめは、ユーザー個人のデータとアプリケーションに関連した用途だ。そして2つめは、企業内ネットワークで、あるいは電話回線を使って、他者にデータを送り、他者とデータを共有することに関連した使い方である。これに加えてインターネットは、3つめの用途を登場させた。どこか遠いところにあるコンピューターに蓄えられた、何の関係もない個人や組織が作成し、所有しているアプリケーションやデータに、誰もが安価なネットワーク、すなわち「接続協同組合」を通じてアクセスできるのである。

この3つめの使い方は、今日においても驚異的だし、将来も非常に有望だと思うが、実際に前の2つの用途に完全に取って代わるのだろうか。私はそう思わない。この3つは、ひとかたまりとなって広がっていくだろうと考えている。パソコンの利点と魅力は、まさにこの3つの使い方すべてが可能だという柔軟性にあるからだ。このうちのひとつしかできないコンピューティング機器は、3つの用途が可能なものに比べると魅力に欠けるのだ。

プレゼンテーションの用意をしながら、そろそろ新しいバランスシートを作って、この3つの用途を評価する時がきたことに気づいた。図9-3にそのバランスシートを示してみよう。

脅威か、それとも希望のしるしか

このバランスシートが結局何を示しているかということを考える前に、もっと基本的な問題を考えてみよう。インターネットは大事件なのだろうか。それとも大袈裟な一時的流行なのだろうか。

私は大事件だと考えている。数千億ドル規模の市場に影響を与えるものは、なんであっても重要だと私は思う。

図9-3　インテルにとってのインターネットのプラスとマイナス

■プラス

- より多くのアプリケーション
- より安価な接続
- より安価なソフトウェアの販売
- 強力なマイクロプロセッサーを必要とするメディア・ビジネスが登場

■マイナス

- マイクロプロセッサーのコモディティ化が起こる可能性
- 中央コンピューターがさらに知性を備える
- インターネット機器が安価なマイクロプロセッサーを採用

インターネットは、インテルにとって戦略転換点を意味するのだろうか。インターネットは、わが社やわが社の補完企業のビジネスに影響を与える力を「10X」の規模で変化させるのだろうか。

先のバランスシートに示した通り、われわれの顧客または供給業者が大きな影響を受けることはないと思う。競合企業はどうだろうか。例の「銀の弾丸」診断テストを使って分析してみよう。インターネットは、今現在われわれが照準を定めている敵よりも、その弾丸を使うのにさらに相応しい敵を登場させるだろうか。そんなことはないと、私は本能的に感じる。新たな企業が登場することは明らかだが、彼らは、競合にもなり得るし、補完企業の役割を果たすことになるかもしれない。私は当然、わが社に新たな能力をもたらしてくれるかもしれない補完企業を、一発の銃弾で消してしまいたくはないのだ。

旅仲間の名簿リストには変更があるだろうか。

もちろんある。というのは、わが社の競合企業の補完企業だった企業が、現在、他社のマイクロチップを搭載したコンピューター上で動作するのと同様に、わが社のマイクロプロセッサーを搭載したコンピューター上でも動作するソフトウェアを開発しているからである。この企業は、われわれにとっても補完企業になる。また、インターネットがもたらすチャンスをものにしようと、ほとんど毎日新しい企業が誕生している。創造のエネルギーと資金が流れ込み、その多くがわが社のチップに新しいアプリケーションをもたらすことになる。というわけで、私の旅仲間は増えることこそありそうだが、ひとつとして失うことにはならないと思うのだ。

わが社の社員たちはどうだろう。インターネットに取り残され、インターネットをとらえ損なうだろうか。そうは思わない。わが社の社員の多くは、研究分野から市場に至るまでのインターネットの発達を、研究者として、また一般ユーザーの立場で追跡している。このような社員の存在は、インターネットの影響をさまざまな形で体験している多様な人材がわが社にいることを示している。

戦略上の不調和がないかどうかを検討してみよう。言っていることと違うことを、わが社は行ってはいないだろうか。わが社は、自らウェブ上でインテルのメッセージを伝えることに熱心に取り組んでいる。そして、新しいビジネス分野における中心的な担い手のほとんどと接触を続けている。しかも、インテルのチップを搭載していない安価なインターネット端末の開発を主張する人たちとも対話をしている。私には、戦略上の不調和があるようには見えない。しかし、繰り返しになるが、CEOとしての私は事態に気づく最後のひとりになる恐れがあるのだ。

これまで述べてきたすべてのことが、インテルにとっての戦略転換点ではないことを示している。しかしながら、これまでの兆候がそうではないことを示す一方で、すべての変化を総体的に考えてみると、あまりに大きい波であるために、心の底ではやはり戦略転換点であると考えている。

われわれは何をすべきか

インターネットを天秤にかけてみれば、脅威よりも希望のしるしであるほうが重いと思う。しかし、何もせずに物事が起きるがままにしておいたら、そのチャンスはつかめない。ここでいう「われわれ」には私も含まれるのだから、まず自分に、自分なりに何をすべきなのか、と問わなければならない。

私は、ビジネス環境評価の半分以上をインターネットに費やすことにした。そう決めるのはたやすいが、気後れせずに同僚に話せるほど中身のあるプレゼンテーションを行うことは大変なことだ。要するに、私は勉強しなければならないのである。

手に入れられるものはすべて読んでいる。ウェブ上にあるコンピューター関連の情報を検索し、競合企業や型破りな企業、両方のコンテンツを読むのに多くの時間を費やしている。一見、敵と思える会社のウェブも見る。パソコンの代わりとなるインターネット端末を市場に投入し、わが社の事業を縮小させようとしている企業だ。またインターネットに接続されたパソコンで何ができるか、社員に見せてもらったりもする。

次第に自分の考えがはっきりしてくる。プレゼンテーションをまとめ、40人程度の上級管理職の前で発表する。私が取り上げた項目全体について私よりも精通している者もいれば、それについて何も考えていなかった者もいた。プレゼンテーションに対するコメントは、「これは、今までで最高の戦略分析ですね」というのから「インターネットになんでこんなに時間を費やしたのですか」というものまである。しかし、ひとつ成功したことがある。それは、経営陣の討議の重点が明らかに変わったことだ。

インターネットに関連する事柄に、われわれは気後れしていたように思う。人は案外物事を知らないものだ。インターネットを理解することは一般常識的なことと思われつつあり、基本的な質問をすることが気恥ずかしく思われるのである。私の印象では、多くのインターネット通は見掛け倒しだ。われわれは、上級管理職と営業の全スタッフ向けに実践コースを開設し、そこでウェブの現状を直に体験してもらった。このコースの狙いは、インターネットについてあまり知らないという事実を露呈することなく、少しずつ背景知識の穴を埋めていくことだった。

私自身の知識も見掛け倒しだったことを白状しなければならない。しかし、私の知識が深まるにつれ、個人、電話回線およびネットワーク、インターネットという3種類の用途のソフトウェアが、この業界を数年間はリードしていくだろうという確信を強く持つようになった。そしてまた、これからのメディア業界と広告業界が、わが社にとってますますチャンスの場になるという確信も増していった。

これらすべてを追求するにあたって、わが社にはいくつかの問題がある。われわれがしなければならないことは、創業以来の企業体質を、新しい環境に調和させていくことである。われわれは、新しい旅仲間に出会う必要があり、協力の仕方について探求し、学ばなければならない。すなわち、今までは何の関わりもなかったソフトウェア会社、ネットワークをアップグレードしつつある通信プロバイダー、われわれの技術を学ぼうとしている広告企業やメディア企業、そして今までコンピューティングの世界に何の関心も示さなかったが、注目しはじめたほうがよいことを突然悟った広告主である。

わが社には、このように複雑化する役割をこなすだけの時間、集中力、規律が十分にあるのだろうか。わが社の組織構造全体を再考し、複雑な内部構造を簡素化し、このような役割が演じられるように変更する必要も出てくるだろう。このような変更は、何千という社員の生活に関わることになるが、彼らには、今までうまく機能していたものをなぜまたいじるのかという理由を理解してもらわなければならないだろう。

インテルは今、次の3つの高い企業戦略を掲げ、それに向かって行動している。まずは、マイクロプロセッサーに関わるビジネスである。次に通信に関わるビジネス。そして3番めは、経営と計画実行に関わるものである。われわれは、ここへさらに4番めの目標を加えることにした。それは、インターネット関連に労力を傾けるべく環境を整えることだ。4番めを加えるにあたって、社内ではさまざまな議論があった。インターネット関連の事柄で取り組むべきことは、すべてまとめて、ほかの3つの目標の一部にしたほうがよい、という意見のものもあった。しかし、私の意見は違う。インターネットへの取り組みをひとつにまとめ、分離独立させて、ほかの3つの目標と同等なものにまで高めることで、社全体にその重要性を知らしめることができるからだ。

これが今現在のインテルの状況である。

取り組まなければならないことがひとつ残っている。安価なインターネット端末がいいと思っている人たちが、将来、正しかったということになると、どうだろうか。

インターネット端末はおそらく、時計を逆回りさせる存在になるだろう。なぜなら、最近20年あるいは30年間の傾向は、巨大コンピューターから小さなコンピューターへと能力を移すことだったからだ。そう考えると、インターネットがこの傾向に逆らおうとしているとは思えない。しかし、そういう今の自分も、この同じ20年あるいは30年間に形成されてきたのだ。もしかすると、私は真実を知る最後のひとりになるのかもしれない。

インテルの将来に対する備えを整えるには、もうワン・ステップあると考えている。わが社を取り巻く市場の勢いがかつてないほど大きい今こそ、そのワン・ステップを踏み込む時だ。私は、インテルのマイクロチップを使って、最高品質の低価格インターネット端末を開発するグループを結成すべきだと考えている。このグループに、わが社の今の戦略を脅かさせ、わが社のためのカサンドラにさせるのだ。そしてこのグループに、競合企業より先にそれが実現可能かどうかを報告させ、さらには私が今ノイズだと思っているものが、実際には強烈なシグナルであり、ふたたび何かが変わったのかどうかを知らせる最初の者としたい。

第10章 キャリア転換点

CARRIER INFLECTION POINTS

環境変化によるキャリア転換点は、人の資質にかかわらず、誰にでもやってくる。

Carrier inflection points caused by a change in the environment do not distinguish between the qualities of the people that they dislodge by their force.

1998年、私は11年間務めたインテルのCEOを退任した。私にとってそれは、通常の事業承継プロセスの一環にすぎなかった。経営者にとって、経営の引き継ぎに備えるのは仕事のひとつだと私は常々考えていたし、しばしばその信念を口にもしていた。ほかの人に求めながら自分はできないではすまされない。

何年もかけて、インテルの取締役会は私の後継者候補の絞り込みを行ってきた。頻繁に候補者について議論し、選んだ人物に、徐々に責任の重い職務を担わせてきた。私の役職が変わることは、社内外を問わず皆が想定できていた。私はその後も引き続き会長職に就き、それまで通り毎日出勤し、以前と同じように活動した。それでも違いはあるのはわかっていたし、その違いがやがて大きくなっていくことも承知していた。

キャリアチェンジという点に限れば、私のケースはこれ以上望めないほど穏便なものだった。しかし、この出来事から私は、私たちの周囲で毎年、何百万人もの人たちが経験しているキャリアチェンジについて考えないわけにはいかなかった。なかには私のように自然に進んだ人もいるだろうが、厳しい状況を体験した人のほうがはるかに多いに違いない。考えてみると、1998年には何兆ドルものM&Aが行われるという統計があるのだから、それだけの企業で組織変更が行われ、もしかすると100万人にも上る従業員がその影響をこうむったのであろう。

今日では、労働環境を変化させる力はさらに増えた。第9章で述べたインターネットのうねりは激しさを増し、加速し、数々の企業のビジネスの手法に多大な影響を及ぼしている。既存のビジネス手法は破壊され、新たな方法が創出されている。そして多くの仕事がその間に整理されてきているのだ。

1998年にはアジア新興国の勢いが早送りから巻き戻しに転じた。これらの国々は新たな製品とサービスを求めて、世界の経済成長を勢いづけていた。しかし、アジア新興国が突然の危機に陥ったことから起こった変化は、アジアと世界のその他の地域の無数の人々のキャリアに影響を与えた。

環境変化が企業の戦略転換点を引き起こすことを考えれば、従業員のキャリアに、さらに大きな影響を及ぼすのは当然だ。

個人のキャリアに激変を引き起こすのは環境変化だけではない。今までと違うライフスタイルへの欲求、大きなストレスを感じる仕事を長年続けて蓄積した疲労なども、自分には何が必要なのか、自分は何を欲しているのかを考え直すきっかけになる。そしてそれは外部からの環境以上に強い力となり得る。言い換えれば、自分の内なる思考と感情は外部状況と同じように自分の環境の一部なのだ。そしてどちらの大きな変化も、個人のキャリア人生を左右する。

では、企業が激変に対処する方法から得られた教訓で、個人のキャリアにも適用できるものはあるだろうか？

あなたのキャリアはあなたのビジネス

私は、人は誰でも、従業員であろうと個人事業主であろうと、個人でビジネスを営んでいるようなものだと考えてきた。あなたのキャリアは文字通り「あなたのビジネス」であり、あなたはそのビジネスのCEOなのである。大企業のCEOと同様に、あなたは市場の力に対応し、競合の動きを阻み、あなたを補完してくれる物を活用し、あなたの仕事が別の方法でも実現してしまう可能性に目を光らせていなければならない。環境変化が起きたときに、自分のキャリアにダメージがないように守るのも、その変化を活用して良いポジションに自分を動かしていくのも、あなた自身の責任なのである。

間違いなく起きる環境変化の時に、あなたという「ひとりのビジネス」の軌道はおなじみのカーブを描く。よって、重大な局面に差し掛かったとき、CEO、つまり「あなた」がとるアクション次第で、あなたのキャリアパスが上向きに跳ね上がるか、加速度的に落ちていくかが決まるのだ。言い換えれば、そこであなたはキャリア転換点に直面するのである。

戦略転換点が企業にとっての一大危機であるのと同様に、キャリア転換点も環境のかすかな、しかし深遠な変化からもたらされ、そこであなたがどんな対応をするかによって、キャリアの将来が決まる。その時のアクションでキャリアが即座に絶たれるなどということはないが、その結果は長期にわたり、徐々に重大な影響となって現れてくる。私たちがこれまで見てきたように、企業の生涯において、戦略転換点は苦痛を伴う瞬間であるが、それを切り抜ける過程は関わる人々の間で分かちあうことができる。しかしキャリア転換点は、すべてがひとりの肩にかかってくるために、より強烈なものなのだ。

キャリア転換点は誰にでも起きる。私はある人の話を思い出す。本書が最初に出版されたときに、私にインタビューをしたジャーナリストの話だ。彼は元銀行員で、幸せに、生産性高く仕事をしていた。が、ある日出社すると、勤めていた銀行が大手銀行に買収されていたのだ。それから間もなく、彼は職を失った。彼はキャリアを変えて、株のブローカーになる決意をした。楽な道のりではないことはわかっていた。金融の知識はあったが、銀行員と株のブローカーでは求められるスキルが違うのを知っていたからだ。そこで彼は、株のブローカーになるための専門学校に通い、株のブローカーとして働きはじめた。

しばらくの間は順調で、将来は明るく見えた。しかし、私たちが会う少し前、オンラインの証券会社が現れはじめた。低コストのオンライン会社と取引するほうがいいと思ったクライアントの何人かは彼から離れていった。不吉な予感があった。

だが今回は、彼は早く行動を起こした。かねてから書くことには興味があり、資質もあった。銀行員として得た金融の知識は株のブローカーとして働いていた時代にさらに強化されており、彼はその蓄積を活かしてビジネス分野のジャーナリストの仕事をすることに決めた。高収入が望める仕事ではないが、テクノロジーに取って代わられる可能性は低い仕事である。私たちが会ったとき、彼はどんどんキャリアアップをしているところだった。この時の転身はそれほど痛手ではなかった。それはなにより、外的な要因に強いられた前回とは違って、自分が主導してその転身を図ったからだろう。

ここでも、企業が戦略転換点に対処するときと多くの共通項が見られる。最も重要なこと、そして最も困難なことは、自らの環境変化に敏感でいることだ。組織の中で仕事をしていると、世の中のさまざまな情報から隔離され、自分の会社の経営にとって大切な情報が耳に入らなくなることもしばしばある。当初仕事に就いたときには、どこかで、もしかしたら一生ここで働くわけではないかもしれないと思ったのにもかかわらず、いつのまにか自分の責任を放棄し、老後を会社に委ねてしまっているのだ。だが、「あなたのビジネス」環境から目を離していると、大企業のCEOと同様、自分のキャリアに影響を及ぼしうる変化の兆候に気づくのが最後になるかもしれない。

このような事態を避けるにはどうすればいいのだろうか?

避難訓練をしてみる

自分への警告の感度を上げて、「あなたのビジネス」に起きる可能性のある戦略転換点に気づくようにする。そして本当に自分が災難に見舞われた事態を想定して、頭の中で避難訓練を行なっておく。簡単にいえば、自分のキャリアについて少しでいいので、パラノイアになることだ。

大企業のCEOの立場になって考えてみるのだ。外部の意見や刺激に心を開く必要があるだろう。新聞を読む。業界の会合に出席する。他社で同じ仕事をしている人たちとネットワークを築く。自分に関係があるかもしれない変化の事例を、それらが積み重なって大きな変化になる前に、耳にできるかもしれない。同業者や友人の他愛ない話にも耳を傾けよう。

企業において、頼りになるカサンドラ（悲劇の預言者）は最前線の従業員である。彼らは潜在的な変化をいち早く察知し、戦略転換点の知らせを早々にCEOに伝えてくれる。個人のキャリア転換点のカサンドラは、気遣ってくれる友人や家族であろう。あなたと違う業界や競合環境で働いている彼らは、あなたがまだ気づいていない変化の兆候を予見する。もしかすると彼らはすでに変化の波に遭遇し、あなたにやってくるような転換点を経験し、教訓を得ているかもしれない。

さまざまな情報源、たとえば新聞記事、業界の噂話、会社のゴシップなどや、あなたのカサンドラのすべてが補強しあって何かを示しているなら、姿勢を正して意識を集中するべき時だということだ。

具体的に自分のこととして想像し、そして自問するのだ。

■その話は、自分の将来にも起きうる変化なのだろうか？
■重要な変化はどのような形で現れるのだろうか？
■会社で日常的に得られるビジネス情報から、変化に気づくことはできるか？
■自社の業績から、このような変化が自分に近づいてくるのを予測できるか？
■自分の懸念を上司に話すことができるか？

■そのような変化の影響を受けたら、自分はどうするだろうか？

■業界の変化によって自社が影響を受ける可能性はどれほどあるだろうか？

■業界の変化は自社に一時的な後退を強いるものにすぎないのか、あるいは長期的な業界再編の前触れだろうか？　この区別は重要だ。なぜなら、前者であれば、会社は立ち直り、あなたのキャリアに何の影響も及ぼさないが、後者は長期的に影響するからである。

■ほかの業界ではじまった展開が自分の仕事にどう波及しうるかを検討する。新しい機械やITシステムが導入されたら、自分の部署の仕事のやり方は変わるだろうか？　新しい技術を用いる場合に、自分のスキルの重要性は変わらないだろうか？　新しい方法を習得する自信はあるか？　もしないなら、どうするべきか？

■あるいは、自社は競合に押されているかもしれない。これは何を意味するだろうか？　仕事は自分に合っているが、働いている会社が合っていない可能性はあるだろうか？　もしくは、業界そのものが変わりつつあるのだろうか？　このような自問自答は重要だ。なぜなら、事態を改善するために取る手段は環境によってさまざまだからだ。勤務先の会社が別の会社に負けているなら、自分のスキルを引き続き活かしながら、沈みかけている船から、競合の海をもっとうまく進んでいけそうな船に飛び移る方法を探せばよい。他方、業界を根底から揺るがすような変化が起こっているときには、自分のスキルを変えない限り、どのような会社にいても、自身の負けは必須である。それこそが、まさにキャリア転換点と分類される状況なのだ。

キャリア転換点の存在は、志をともにする同僚と活発な議論を行うことで分析できる。自分の仕事環境に常に疑問を持つ習慣をつける必要がある。日々の業務で感じとっている心の奥底にある疑問を検証すれば、変化を認識し分析する能力に磨きがかかる。言い換えれば、自分の仕事環境について、自分で自分と討論を行う習慣を身につけるのだ。

タイミングがすべて

ビジネスの戦略転換点と同様に、キャリアの転換点をうまく切り抜けることができるかどうかはタイミングを感じ取る力にかかっている。あなたは今、何かが変わりつつあるという気配を感じ取っているだろうか？　すでに変化を予期し、それに備えているだろうか？　それとも、兆候が疑いようもなく確かなものになってから、行動しようとしているだろうか？

キャリア転換点に向き合う局面は、企業の転換点に対応するときより、さらに感情を伴うものである。不思議なことではない。今のキャリアを築くまでにさまざまな努力をしてきたし、さらに重要なことに、自分のキャリアは右肩上がりだと期待し続けてきたからだ。自分の歩んでいる道が下り坂だという気配を感じたとき、それを否定することに躍起になるのも無理はない。

それに、自分は極めて優秀な人間だから、この変化からも自分だけは免れるだろうと信じたくなることもよくある。「ほかの人は影響があるかもしれないが、私は大丈夫だ」と。これは危険なうぬぼれだ。優れた業績を上げてきた企業が過去の栄光から逃れられないのと同じだ。環境変化によるキャリア転換点は、人の資質にかかわらず、誰にでもやってくる。

歴史を振り返れば例はいくらでもある。19世紀初め、イギリスでは織物機械の使用が広まったことにより、伝統的な手織りよりもずっと安価な織物が出回るようになった。それによりあらゆる織物職人が、名人であっても凡庸な織り手であっても関係なく、職人としての生計を維持できずに織物工場で働き、不慣れな機械に向き合わざるをえなくなった。自動車の普及により、馬具師は腕の良し悪しに関係なく職を失った。今日、農業コングロマリットとの競争に直面している小規模農家は、採算性を維持するのに苦闘している。どれほどスキルが高くても、自分の地位が安泰だと感じていても、これらの環境変化から影響を受けずにはいられないのである。

否定する気持ちには、まったく異なる2つの原因がある。もしこれまでのキャリアで成功を収めてきた人なら過去の成功が邪魔をして危機を認識できないのかもしれない。あるいは、現在の状況にしがみついている人なら、変化への恐れや、これまでに得た何かを諦めることへの不安が、状況を認めたくない気持ちにつながっているのかもしれない。いずれにしても、否定している間に時間は失われ、転換点や転換点が訪れてくるときに行動を起こす最適な瞬間を逃すことになる。

企業経営の場合と同じで、キャリアについても、早々に次の手を打てることはまれである。

たいていの場合、後から振り返ってみると、もっと早く変化を起こせばよかったと思うものだ。実際には、物事がまだ順調に進んでいて、気分よく刺激的な仕事をしている間に変化を起こすほうが、キャリアに影が差してから起こす変化よりも、苦痛ははるかに少ない。

さらに、ほかの人たちに先駆けてキャリアの転換点を活用すれば、新たな活動分野で最も良い機会をつかめる可能性が高い。簡単にいえば、早起きは三文の徳、遅れてきたら残り物しかないのである。

変化に向けて調子を整える

前兆を最初に察知してからキャリア転換点に至るまでの期間は貴重である。アスリートが大会に向けて体調を整えるのと同様に、この時間に変化に向けて調子を整えるのだ。今とは違う役割を担っている自分を思い描く。それらの役割について調べる。そうした役割に就いている人たちと話をする。それらについて自問する。それらの役割に自分が適任かどうかについて、自分と対話をする。大きな変化に向けて、脳を鍛えるのである。

事前に試してみることは、変化に備えるにあたって最も重要なことだ。銀行員から株のブローカーになったジャーナリストは、ブローカーの仕事をしている間に、次の仕事の準備に着手した。それには理由があった。彼はそのときの収入源を手放す前に、使っていなかった文章力を鍛え直し、この変化の実現可能性や現実味をテストし、将来的にクライアントになりそうな人たちと関係を築いた。そうすることで、彼はジャーナリストの仕事だけをしたとしても、生計を立てることは可能だと確信したのである。

こうした試みにはさまざまな方法がある。彼のように、副業としてはじめるのもいいだろう。夜間や週末に学校に通うこともできるだろう。あるいは、現在の会社に、まったく違う新しい内容の仕事がしたいと願い出ることもできるだろう。どれも自分のキャリアの新しい方向性を探り、キャリア転換点に備える方法である。

しかし、なんでもいいわけではない。今やっていることとまったく違うという理由だけで、やみくもに歩きはじめてはならない。自分に影響を及ぼす変化の性質を知り、理解して、それを基本に自分の方向性を見極めることだ。そうすれば変化の影響を避ける方向に進むことができる。来ることがわかっている変化の波を受けにくい仕事で、自分の知識やスキルを活かせるものを探す（さらに良いのは、初めから変化を生かす仕事を探すことだ。流れに逆らうより、流れに乗るのである）。

死の谷を越えるようなキャリアの移行をはじめる前に、何を達成したいのかを思い描くことは非常に重要である。次のように自問するのだ。

■今後2、3年に業界の本質はどのようになっていくだろうか？
■これは、これから自分が働きたい業界だろうか？
■自社にはこの業界で成功する見込みがあるだろうか？

■新たな環境でキャリアを積むにあたって、自分にはどのようなスキルが必要だろうか？
■自分が達成したいと思うキャリアを現在すでに築いている、ロールモデルとなる人はいるだろうか？

第8章で記した一件を思い出していただこう。当時のインテルの会長であったゴードン・ムーアが、もしわれわれが半導体の会社からマイクロコンピューターの会社に移行するなら、役員の半分はソフトウェアがわかる人間に変えたほうがいいと語ったときのことだ。その意見は会社の機能における戦略転換の本質をとらえており、ひいては、私も含めて少なからぬ人たちのキャリア転換点を予想よりも早く引き起こした。しかし、この出来事から私たちは、ロールモデルではないが、何を学ばなくてはならないのか、どのように変わらなければならないのかについての考え方を習得した。

自分自身との対話は、キャリア転換点の存在を明らかにするのに役立つだけではない。自分が向かっている未来の本質について対話を継続していくと、どこに向かって努力するべきかを的確に知るのに役立つ。そのうえ、外の世界に強いられて無茶なジャンプをしなくても、着実な足取りで前進していくことができるのだ。

キャリアの谷を越えていくのに役立つものは2つある。明確さと信念である。明確さとは、自分のキャリアで何を目指すのかを数値も含めて具体的に正確に把握することである。自分のキャリアがどうなっているといいのか、そして、どうなっていたら嫌なのかを知っておくということだ。信念とは、このキャリアの谷を渡って向こう側にたどり着き、自分で決めた条件の仕事に就くという強い決意のことだ。

企業が戦略転換点を切り抜けるために死の谷を越えるとき、CEOには、新たな業界地図について明快なビジョンを描き、谷を越えた後に組織を率いるリーダーシップを発揮することが求められる。自分のキャリアのCEOであるあなたには、ビジョンもコミットメントも、あなた以外に提供してくれる人はいない。確かに大変なことだ。自分との対話から方向性を明確にすることや、色々な疑問が浮かんで夜中に目が覚めても信念を持ち続けることは、どちらも試練だ。しかしあなたに選択の余地はない。行動を自分から起こさないでいれば、行動を強いられるだけなのだ。

ひとりの人間には、キャリアはひとつだけだ。キャリア転換点において成功する絶好のチャンスは、渾身の力で、ためらうことなく、その手綱を握ることだ。

今までのキャリアと同じレベルでのサポートや経験、自信を再び構築するにはしばらく時間がかかることも覚悟しなくてはならない。失って心細く思うサポートとは、たとえば会社が与えてくれていたあなたというブランド。アイデンティティだ。新しい会社に入社したり、自分で事業を立ち上げたりするとき、今までの自分のアイデンティティを手放して、新たに築くことが必要になる。これには努力と時間がかかり、間違いなくあなたの勇気が試される。しかし、同時に自立心と自信がつく。そしてそれらは避けようもなくやってくる次のキャリア転換点に役に立つのだ。

新しい世界

キャリア転換点を通り抜けるのは容易なプロセスではない。多くの危険も伴う。あなたの持っているすべてのリソースが求められる。これから参加する新しい世界についての理解、自分のキャリアは自分で決めるのだという決意、自分のスキルを新しい世界に合わせる能力、変化に対する恐怖や不安に対処する意志の強さが必要である。

新たな国に移住するのに少し似ているところがある。慣れ親しんだ環境では、言葉も文化も人々もわかっていて、良いことも悪いことも、どのようにして起こるのかが予測できるようになっている。それでも、荷造りをして、そこを離れるのだ。そうして、新しい習慣、新しい言葉、新しいさまざまな危険や不確実性が待つ新しい土地に移る。

このようなとき、振り返りたい気持ちが起こるかもしれないが、そんなことをしても何も生まれない。過去を懐かしんで嘆いてはならない。過去は二度と戻ってこない。新たな世界に馴染むことに、そこでうまくやっていくために必要なスキルを学ぶことに、新しい世界を自分の環境にすることに、すべてのエネルギーを、一滴残らず注ぎ込むのだ。かつての土地で得られた機会はごくわずか、ことによるとゼロだったかもしれないが、新たな土地では未来を手にすることができる。その見返りはあらゆるリスクを冒すだけの価値がある。

謝辞

本書のアイデアは過去の2つの経験から生まれた。ひとつは、長年にわたるインテルの経営者としての経験である。その間に私は幾度となく戦略転換点を経験した。そしてもうひとつは、過去5年間にわたりスタンフォード大学のビジネススクールで行った経営戦略に関する共同講義での経験である。そこでは、学生たちの視点を通して、自分自身の経験と周囲の人たちの経験を改めて振り返ることができた。前者は、言わば変化にどう対応していくかの実戦の場であり、後者はそれとは対照的な演習の場であった。

まずここで、それぞれの場で力となってくれたインテルの経営陣諸氏とスタンフォードの学生たちに謝意を表したい。特に、ともに教鞭を執ったロバート・バーゲルマン教授には、深く感謝している。彼は、ケーススタディを教えることにおいては私の良きメンターである。私が自分の考えを明確にし、さらに発展させるのを助けてくれた。

また、ダブルデイのハリエット・ルービン氏は、私の目を見開かせ、本書を執筆するよう強く薦めてくれた。それまでは、こうしたテーマで執筆することなど考えてもいなかった。彼女が本書のテーマを深く理解し、明確に意見を述べ、基本的な概念を綿密に作り上げてくれたので、原稿を執筆する際に非常に大きな助けとなった。

ロバート・シーゲル氏にも感謝の意を表したい。彼は数多くの事例の出典や参考文献一覧の作成のために忍耐強くリサーチを続けてくれた。さらに細部にわたって、数多くの誤りや矛盾点も指摘してくれた。

キャサリン・フレッドマン氏には、最も深い感謝の意を伝えたい。私の考えを一冊の本にまとめるまでの長い執筆期間中、彼女は絶えず私に力を貸してくれた。本書のテーマを理解し、私の思考プロセスを的確にとらえ、そして驚くほどの組織力で私の執筆活動を助けてくれた。特に、彼女が個人のキャリアと企業の戦略の相関関係を見極めてくれたおかげで、大いに助けられた。さらに彼女のユーモアのセンスにも何度となく救われた。

最後に、絶大なる感謝の意を、妻であるエバに捧げたい。彼女は二役をこなしてきてくれた。何十年もの間、数々の変化を切り抜ける良きナビゲーターとして私を支えてきてくれた。われわれがたどってきた変化のほとんどは深刻だったし、犠牲を強いられても不思議ではなかった。また彼女は、本書の執筆にあたっては、こうした過去の出来事を振り返る作業をサポートしてくれた。さらに原稿を読み、内容が的確であるかを確認してくれた。

1996年2月サンタクララにて

アンドリュー・S・グローブ

訳者あとがき

まるで筆者、アンドリュー・グローブ氏の声が聞こえてくるような錯覚に陥いるほどの現実感が、本書にはあった。グローブ氏が、多忙な仕事の合間、合間に、仕事への熱烈な思いを書きなぐったようなダイナミズムがあった。このたびの復刊において読み返しても、最初に読んだ20年前と新鮮さは何ら変わらない。

多くの経営書が出版されている現在、研究者による分析ではなく、世界から注目されている多忙な現役の経営者が自分の体験をさらけだして、読者と分かち合ってくれたこの書は、まさに貴重な一冊であり、彼の姿勢に、深い尊敬の念を持つ。

この書は、大企業の経営者にとっても、訳者のような小さなベンチャー企業の経営者にとっても、また、経営に携わっていなくとも、職に就いている個人であれば、思考をシフトさせるのに大いに役立つ。また、企業がいかに、そこで働く人々によって構成され、動かされている生き物なのかということを、再度、痛切に教えてくれる。

アンドリュー・グローブ氏といえば、ダイナミックでパワフルな世界的経営者として知られた。がんを告知され、それを乗り越えて復帰したことでも知られている彼が、１９９４年のペンティアム欠陥の事件の時の心の動揺や、意思決定への過程、日本企業との競争の様子、最後は一人ひとりの個人のキャリアにおいてまで、「戦略転換点」という大きな変革を通して分析し、どう対応したらよいかを読者に分かち合ってくれる姿勢は、単なる偉大な経営者というだけでなく、偉大なるメンターであると言えるだろう。来日時にお会いしたときの印象も、また、ともに仕事をしていたという何人かに伺うエピソードからも、温かく強いリーダーであることを確信した。

本書の英文タイトル『*Only the paranoid survive*』は、直訳すれば、「超心配症だけが生き残る」ということになる。パラノイドという言葉は、偏執症とも訳されるが、英語では日常的に頻繁に使う単語で、あれもこれも心配しすぎる人のことを指す。どっしり構えているのが経営者だという時代は終わった。常に危機感を持ち、状況に敏感に反応し、迅速に対応し、ノイズとシグナルをかぎ分け、新しい実験を重ねていくという能動的な経営手法が、世界有数の優良企業へと導くのである。

メンターとして、われわれに体験のすべてを分かち合ってくれたグローブ氏に感謝しつつ、超一流の経営者が、ドキドキ、はらはらしながら「戦略転換点」を乗り切る手法から多くを学び、本書が日本でもビジネス界を動かしていくきっかけとなれば、また、今回追記された第10章により、一人ひとりの働き方改革や仕事に対する考え方を後押しすることになれば幸いだと思う。

翻訳は、ユニカルインターナショナルの大きなチームワークによって実現した。彼らのプロフェッショナルな温かいサポートなしには、この書は存在しえなかった。また、再度このような素晴らしい機会をくださった日経BP社の編集の中川ヒロミ氏にも深い感謝の意を表したい。
多くの人の役に立ちますように。

2017年8月

訳者　佐々木かをり

とだ。有利ではないが、それだけに楽しいし、挑戦しがいがある」
"Bill Gates and Paul Allen Talk," *Fortune,* October 2, 1995, p. 82.

7 「アシェット・フィリパッキは、ゼネラル・モーターズとニュー・メディアの委任のサインを済ませたところだと語った」
"Hachette Entangles GM in Web for '96," *Wall Street Journal,* November 30, 1995, p. B6.

8 1995年、広告費の世界規模での推定総額は3457億ドルである。
Standard and Poor's Industry Surveys, October1995, Vol. 2, New York, p. M15.

9 「この装置は、パーソナル・コンピューターの機能でもっとも人気のある電子メールの送付、インターネット・サーフィン、ワードプロセッサなどの機能をわずかな価格で提供する見込みがある。しかし制限もある。この装置はパソコンよりも処理能力が劣り、CD-ROMやソフトウェアを再生したり楽しむための差し込み口はない」
"Ellison's 'Magic Box,'" *San Francisco Chronicle,* November 16, 1995, p. B1.
「主張するところによれば、アプリケーションがネットを介して格納され、配布されると、デスクトップ機のアプリケーションの時代——そしてそれゆえにOSの時代——は終わるということである。…このような技術が、よい面だけを取り上げる雑誌に、「ウェブはすべてを備えたソフトウェアの標準であり、現在のソフトウェア産業を不要にする」といわせたのである。
"Dubious Extinction," *PC Week Inside,* November 13, 1995, p. A14.

■第９章

1　1995年8月9日のネットスケープの売出し価格は、1株当たり28ドルだった。その日の最高値は74ドルに達し、その後1995年12月6日に174ドルの最高値を更新した。

Bloomburg Business News

2　「『情報技術業界のいたるところで創造を破壊する旋風が吹き荒れている。そしてこの風の源はインターネットだ』と、カリフォルニアのメンロパークの未来研究所のコンサルタント兼特別研究員ポール・サッフォーは語る」

"Whose Internet Is It Anyway?" *Fortune,* December 11,1995, p. 121.

3　詳しい歴史については、以下を参照。

Joshua Eddings, *How the Internet Works,.* (San Francisco: Ziff Davis Press, 1994).

4　「インターネットを介しての個人対個人の通信は5、6年で長距離通話を追い抜くことになるだろう。電話業者はオンライン・ビジネスに参入することが最大の関心事になる。…個人対個人の通信において電話が占めていた重要性は、テレックスがファックスに取って代わられたようになくなることだろう」

Reuters, February 1, 1996.

5　「店員ひとりの小さな店から、著名なシリコンバレーの大物が参加したベンチャー企業に至るまで、ネットには新しいウェブ･ソフトウェア会社があふれている。その多くは伝統的なソフトウェア・マーケットではわずかな見込みもない。しかしネットは、支配的なソフトウェア・メーカーがいない未開発地なのだ」

"The Software Revolution: The Internet Changes Everything," *Business Week,* December 4, 1995, p. 82.

「現在では、従来の小売販路にしても、企業に販売する大きな配給業者にしても、ソフトウェアを配布する前に、前もってお金を支払わなければならない。しかしインターネットではこのような中間の配布メカニズムは必要ない。ソフトウェア、絵画、映画、CDなどビットで表現できるものであれば、あらゆる種類の知的財産が低コストで配布できる可能性がある。この可能性がインターネットの最も革命的な側面のひとつだと思う」

Interview with Jim Clark, *The Red Herring,* November, 1995, p. 70.

6　「コンピューター業界では、2つの時代にまたがって業界をリードした企業は存在しなかった。企業としてのマイクロソフト、あるいは個人としてのポールや私がやろうとしていることは、この歴史に大胆に挑むことであり、パソコン時代からこの新しいコミニュケーション時代にリーダシップを実際にリードしていくこ旺盛な人物で、何にでも関心を見せた。工学部にやってきて、初級エンジニアの黒板から欲しいものを書き写していたものだ』と、元エンジニアが証言している。『ワング博士がそのとき関心をもったものを、設計したのだ』」

"The Fall of the House of Wang," *Business Month,* February 1990, p. 24.

8 「ワングの会社は1988年に30億ドルという最高の収益を得ると、その後のパソコン業界の成長によって、経営が苦しくなってきた。そして、ワードプロセッサを減産しはじめた。…『彼らは、まったくパソコン業界を誤解していた。それが大きな痛手となったのである』と、ペイン・ウエバーのアナリストであるステファン・スミスは語った」

"Wang Files for Chapter1, Plans to Let Go 5000," *Computer Reseller News,* August 24, 1992, p. 10.

9 Robert A. Burgelman "Intraorganizational Ecology of Straregy-making and Organizational Adaptation: Theory and Field Research," *Organization Science,* Vol. 2, No 3, August 1991.

"Fading Memories: A Process Theory of Satrategic Business Exit in Dynamic Environments," *Administrative Science Quarterly,* No. 139, 1994.

10 「本物の利益は…実践の知識を持った人々と地位の力を持った人々が協力し、両者の利益の中で、最高の解決方法を生み出すことである」

Andrew S. Grove, "My Turn: Breaking the Chains o fCommand," *Newsweek,* October 3, 1983, p. 23.

11 「組織は、いつもメンバーの意見が合致した上で運営されているのではない。そのかわりに、人々がビジネスの動きや決定を支持すると約束することによって、組織が運営されるのである」『HIGH OUTPUT MANAGEMENT』アンドリュー・S・グローブ著、日経BP社刊

12 *Hewlett-Packard 1994 Annual Report,* p. 44.

13 後に解体したAT&TとRBOCsは、およそ600億ドルの市場評価額を持っていた。

Capital International Perspective, (Capital International S.A., Geneva, Switzerland,) Junuary 1984, pp. 330-32.

1995年の彼らの市場評価額は、およそ2400億ドルだった。

The Red Herring, September 1995, pp. 110, 112.

解するのに役立つ。

Alfred D. Chandler, *Scale and Scope,* (Cambridge, MA: Belknap Press, 1990)

■第8章

1 「アプリケーション・ソフトの主要供給会社という立場で、われわれロータスは、仕事相手に補足的な製品を豊富に開拓し続けている」

Lotus 1985 Annual Report, p. 11.

2 「1991年をロータスの変革の年としたい。…けれども、私たちの顧客の世界は(個人ユーザーの世界は)、今やはかりしれないほど広がっている。この広い世界で、ユーザーたちは、ネットワークやネットワークされているアプリケーションで結ばれ、コンピューター用の資源、情報、そして作業自体を共有しているのである。ノーツは、企業のビジネスの仕方を変える世界規模の協同コンピューティング製品である」

Lotus 1991 Annual Report, pp. 2, 4, 5.

3 ドラッカーは著書の中で、19世紀のフランスの経済学者J.B.セイの説を引用している。「起業家は、経済資源を生産性の低いところから高くて報酬の多いところへと移す」

Peter Drucker, *Innovation and Entrepreneurship: Practice and Principles,*

4 Gary Hamel and C. K. Parahalad, "Competing for the Future," *Harvard Business Review,* July-August 1994, pp. 122-28.

5 「愚か者は言います。『見よ、ひとつのバスケットにすべての卵を入れてはだめだ』—しかしこれは、『金も注意も分散させよ』と言うのと同じです。一方、賢者はこう言うのです。『ひとつのバスケットにすべての卵を入れるのだ。そして、そのバスケットに注意を払いなさい』」

Mark Twain, *Puddin'head Wilson,* (New York: Penguin Books, 1986), p.163. First published in 1894.

6 「インテルとヒューレット・パッカードは先週、コンピューター業界の核心を揺るがすような発表を行った。両社が提携して、次世代のマイクロプロセッサー技術を開発すると決定したのである」

"Intel-HP Agreement Alters CPU Landscape," *PC Week,* June 13, 1994, p. 1.

7 「ワングという人物は、ただの工学の天才ではない。当初から彼は、多方面のビジネスに手を染めて成功を勝ちとってきた。その経営方針は、彼の貪欲な広い知識と調和するように、完璧なものに計画されていた。『博士は、たいへん好奇心

（アンドリュー・S・グローブ談）
"My Turn: Breaking the Chains of Command" *Newsweek*, October 3, 1983, p. 23.

■第7章

1 Elisabeth Kubler-Ross, *On Death and Dying*, (New York: Macmillan, 1969).

2 「社歴の長いCEOの感情の結び付きは、強すぎることが多い」と、米国最大のエグゼクティブサーチ会社であるラッセル・レイノルズの副会長フェルディナンド・ナデーニーは言う…テネコでは、収益の不安定な時代が何年間も続いていた。その後の1991年は、景気が後退期に入ったにもかかわらず業績は好調だった。しかし、経営陣は、力のあるチーフであったジェームス・L・ケテルセンを経営陣からはずす時期だと決定したのである。「マイケル・H・ウォルシュは、明確な見通しを持っていた」と、あるディレクターは言う。「彼は、社内の古いしがらみに屈することはなかった」
"Tough Times, Tough Bosses," *Business Week*, November 25, 1991, pp. 174-75.

3 Robert A. Burgelman and Andrew S. Grove, "Strategic Dissonance," *California Management Review*, Vol. 38, No. 2, Winter 1996, pp. 1-20.
私はまた、認識できる不調和の概念とも比較している。「新しい出来事が起こる、あるいは新しい出来事が認知されるようになるときには、すでにあった知識、考え方、認識とその新しい動きとが相容れないという状態が、少なくとも一瞬はあるはずである。そのとき、人の行動を変化させにくくするのは、どんな環境なのだろうか？　1. その変化が、困難あるいは、損失を伴うかもしれない…　2. 現在の行動にどちらかといえば満足している…　3. 変えることが、ただ単に不可能である」
Leon Festinger, *A Theory of Cognitive Dissonance*, (Evanston, IL: Row, Peterson and Company), 1957, pp. 4, 25-27.

4 「6カ月にわたる収益、利益率、市場シェアの減少から会社を救うための幹部による議論が数週間かわされた後で、（コンパックの会長、ベンジャミン・M）ローゼンが介入した」
"Compaq's New Boss Doesn't Even Have Time to Wince," *Business Week*, November 11, 1991, p. 41.

5 ハーバード・ビジネス・スクールのアルフレッド・D・チャンドラー教授は彼の著書の中で、多くの企業が結局のところ規模と範囲が鍵となるモデルに順応していることを示している。こうした歴史的な事例は、私たちが何をすべきなのか理品として使えるようにしたのである」と、インテルの設計担当、レス・コーンは述べている。

"Intel Corporation: Strategy for the 1990s" *Graduate School of Business,* Stanford University, PS-BP-256C, 1991, P. 9.

2 「ビジネス向けの用途の多くでは、CSISCのほうが速くて安価だ」

"The Reality of RISC" *Computer World,* March 22, 1993, p. 72.

「今となっては、CSISCの横ばいの伸びに対してRISCの性能の急激な伸びを示した初期の広告が希望的観測であったことは明らかだ」(マイケル・スレイターから、IBM、モトローラ、アップルの首脳陣へあてた公開状)

OEM Magazine, July/August 1995, p. 24.

3 「〝起業家は、経済資源を生産性の低いところから生産性の高くて報酬の多いところへと移す〟と、フランスの経済学者J.B. セイは1800年頃に述べている」

Peter F. Drucker, *Innovation and Entrepreneurship: Practice and Principles,* (Bungay, Suffolk: William Heinemann Ltd., 1985) p. 19.

4 「称賛を受けるどころか、ニュートンの画面は、ガリー・トルドーの描くコマ割漫画、ドゥーネスビュリーに劣らず見やすい、などというジョークのネタになった」

"What Apple Learned from the Newton" *Business Week,* November 22, 1993, p. 110.

5 W. Edwards Deming, *Out of the Crisis,* Cambridge: Massachusetts Institute of Technology Center for Advanced Engineering Study, 1988

6 「われわれのビジネスでは、他の業界とは違う経営方法をとる必要がある。仮に、トップの人間が全ての決定を行ったとしたら、その決定は、時代の技術とはかけ離れたものになってしまうだろう……。このビジネスは、生き残り方を知っているということが大切なため、インテルでは、日頃から〝知識の力を持つ者〟と〝組織の力を持つ者〟を一緒にするようにしている。それによって、彼らはともに決定を下す。そして、その決定はその後何年も私たちに影響を与えることになるだろう。インテルは、組織内の中間管理職たちが、上級管理職たちの決定会議に参加するよう頻繁に呼びかけている。こうした会議が成功するかどうかは、誰もが自分たちの地位の違いを忘れ、あるいは気にかけることなく、お互いに対等であると信じ、意見を述べることができるかにかかっている。もしも、組織の上級管理職が中間管理職とは別のリムジン、豪華な部屋、専用のダイニング・ルームなどを与えられていたりしなければ、こうした会議もより簡単に実現できるのだ」

32　1993年には、5700万世帯（61.4パーセント）にケーブルが普及。
Statistical Abstract of the United States 1994, U. S. Department of Commerce, issued September 1994, Washington, D. C. Table 882, p. 567.

33　「ソマー氏は、テレコムにグローバルなビジネス視野と家電業界の厳しい競争を勝ち抜くセンスをもたらすことを期待されている」
"Deutsch Telekom Picks Ron Sommer as Its Chairman," *Wall Street Journal,* March 30, 1995, p. B4.

■第５章

1　Andrew S. Grove, "The Future of the Computer Industry" *California Management Review,* Vol. 33, No. 1, Fall 1990, p. 153.

2　「DRAMのマネジャーは、次のように言った。『この方法を用いれば、標準型のDRAMの２倍の値段をつけられるだろう。しかし、残念なことに、我々は、その元になる値段が気に入らなかったのである』」
"Implementing the DRAM Decision," *Graduate School of Business,* Stanford University, PS-BP-256B, 1991, p. 1.

3　その表現は次のように変化していく。「インテルは、システム構築の基礎単位となる『電子部品』をOEM生産する企業である」
1985 Intel Annual Report, p. 4.
「インテルは、半導体部品と関連のシングルボード・コンピューター、マイクロコンピューター・システム、ソフトウェアを設計、製造し、OEM製品として提供している」
1986 Intel Annual Report, p. 4.
「わが社は、もともとメインフレーム・コンピューターやマイクロコンピューター用の半導体メモリーの製造を通して成長してきた。しかし時が経ち、コンピューターの世界やインテルも変化した。今や、マイクロコンピューターは、コンピューターの中でも最も大きく、最も変化の早い分野である。そして、インテルは、そのマイクロコンピューターの最大の供給者なのである」
1987 Intel Annual Report, p. 4.

■第６章

1　「当初、私たちは、それを80486のコプロセッサーと位置づけ、80486の基礎となるチップと考えていた。独立型のプロセッサーとして設計したが、486の付属

(Princeton, NJ: Princeton University Press, 1989)

28 「1968年、カーターフォンとして知られる画期的な決定において、連邦通信委員会は、はじめて…『端末装置』市場がAT&T以外の企業にも開放されるべきであることを規定した。…（連邦通信委員会は）留守番電話や移動無線電話のような新しい通信装置を製造する独立系企業も、これまでAT&Tの特権であった、AT&T電話交換網と相互接続を許可すべきであるとした。ある日突然、電話の利用者はAT&T製ではない装置を購入し、自宅や会社の電話回線に差し込むことができるようになったのである」

Steve Coll, *The Deal of the Century: The Break up of AT&T,* (New York: Atheneum 1986), pp. 10-11.

29 「1974年3月6日、MCIは、AT&Tに対して多額の損害賠償金を請求する徹底的な反トラスト訴訟を起こした。…1974年11月20日水曜日…10番通りとペンシルバニア通りの角にある裁判所のメイン・ビルディングの5階で、司法長官は数人の反トラスト法の専門法律学者と会い、AT&T訴訟について意見を交わした。…11時少し前、AT&T側の弁護士が現れた。…AT&Tに雇われた主席弁護士が立ち上がり、AT&Tの陳述をはじめた。…弁護士はパイプをふかしはじめ、司法長官に向かって話した。『こちらの陳述をはじめる前に、この件についての司法長官のお気持を正確に知りたいのですが』…（司法長官は応えた）『あなたがたに対して訴訟を起こすつもりです』」

Steve Coll, *The Deal of the Century: The Break up of AT&T,* (New York: Atheneum 1986), pp. 52,65,67-68.

30 「1974年、司法省は再度AT&Tを告訴した。…8年近くも続いた後、1982年1月に同意判決で決着した。AT&Tはウェスタン・エレクトリック、ベル研究所、長距離通信を残し、22の運営会社を手放すことに同意した。…グリーン判事は後に修正終局判決を下した。…修正終局判決では、22のベル運営会社は、7社の地域所有会社に再編成された」

"AT&T and the Rdgional Bell Holding Companies," *Harvard Business School* Case N2-388-078, rev. March, 1989, pp. 3-4.

31 AT&T（60パーセント）、MCI（29パーセント）、Sprint（10パーセント）、LDDS（3パーセント）、Wiltel（1パーセント）、その他（6パーセント）

Arsen Darney and Marlita Reddy, *Share Reporter: An Annual Compilation of Reported Market Share Data on Companies, Products and Services,* Table 1216, p. 318.

21 「新型モデルでの変更点は、目新しく、魅力的で、新しい価値に対する要求を引き出すものでなければならない。またいわば新型モデルと比べた場合に、旧型モデルに対してある程度の不満を生むようでなければならない」
Richard S. Tedlow, *New and Improved: The Story of Mass Marketing in America,* (New York: Basic Books, 1990), p. 168.

22 「ゼネラル・モーターズは、1920年に収益、シェアともにフォードを追い抜き、1925年から1986年まで収益でフォードに優っていた」
Richard S. Tedlow, *New and Improved: The Story of Mass Marketing in America,* (New York: Basic Books, 1990), p. 171.

23 「その悲痛な最後は、スーパーコンピューター業界の没落と業界設立の父の盛衰を表していた。コンピューターのパイオニア、シーモア・クレイは金曜日、クレイ・コンピューターは、操業を続けるために必要な追加の2000万ドルの資金調達に失敗したため、破産の適用を申請すると発表した」
San Jose Mercury News, March 25, 1995, p. 2D.

24 「デルタ航空は、出費が膨れ上がり足取りがおぼつかなくなっていたが、同社によると、1997年までに、4億ドルのマーケティング費用の削減を含む、20億ドルのコスト削減をする計画があり、その一部としての処置であるということだ。『これには大変な度胸が必要だった』とデルタ航空の営業担当副社長は語った」
"Delta Caps Its Commission on Ticket Sales; End of Fixed 10% Fee Aims to Costs but Risks Angering Travel Agents," *Wall Street Journal,* February 10, 1995, p. A2.

25 「米国最大手のアメリカン・エキスプレス・トラベルは先週、同社が300ドル未満の国内航空券には20ドルを徴収し、観光旅行パック、ツアー・パックでも手数料を徴収することにしたと発表した。また業界2位のカールソン・ファゴーンリは、ひとりで旅行し、他のサービスを予約していない初めての客からは15ドルの手数料を徴収することにしている」
"Coffee, Tea and Fees." *Time,* February 27, 1995, p. 47.

26 「米国旅行代理店協会によると、試算では2万5000のうち1万ほどの会員が旅行代理業を廃業する可能性があるということである」Richard S. Tedlow, *New and Improved: The Story of Mass Marketing in America* , (New York: Basic Books, 1990), p. 47.

27 同法案が市販薬および薬品業界に与えた影響については以下を参照。 James Harvey Young, *Pure Food: Securing the Federal Food and Drugs Act of 1906,*

や合理化を遂げ、小回りのきく会社となり、マーケット・リーダーのコンパックよりも速く成長している」

"Hewlett-Packard: The Next PC Power." *Fortune,* May 1, 1995, p. 20.

14 Rifkin and Harrar, *The Ultimate Entrepreneur,* P. 242.

15 「1962年年末、ディジタル・イクイップメントは画期的な受注を勝ち取った。インターナショナル・テレフォン・アンド・テレグラフがメッセージ・スイッチング・システム制御用にPDP.11を15台購入したのである。この受注は、ディジタル・イクイップメントに自信と、汎用システム供給業者となるための経済的能力を与えたのであった」

Rifkin and Harrar, *The Ultimate Entrepreneur,* P. 44.

16 「IBMの経営陣は、社の財政上の実績を、IBMではどうにもならない別の要因のせいにしていた。その中でも最たるものは、エーカーズとその補佐役によれば、税制改正によって米国資本の投資パターンが混乱した、というのである」

"Computers: When Will the Slump End?" *Business Week,* April 21, 1986, p. 63.

「わが社には、素晴らしい製品がある。…しかしながらわが社を取り巻く経済環境では、顧客は意志決定を遅延させることになる。これがいつまでも続いてよい訳がない」Interview with John Akers, *Fortune,* July 15, 1991, p.43.

17 「スーパーコンピューターの設計者スティーブ・チェンは、最後に籍を置いていた会社が2年前に廃業して以来隠遁していたが、彼がかつては避けた技術的アプローチで取り組む新会社とともに再登場した」

"Supercomputing's Steve Chen Resurfaces in New Firm," *Reuters,* June 27, 1995.

18 「好況の会社が不況に陥るのは以下の3つの理由による。会社がマーケットから離れる場合、マーケットが会社から去って行く場合、そしてこの2つが同時に起こる場合である」(1993年、インテルで行われたセミナーにおけるリチャード・テッドローのコメント)

19 「11歳から17歳までの青少年の63パーセントが読書よりもコンピューターを使用することを好み、59パーセントがテレビを見るよりもコンピューターを使用することを好む」

"San Jose Mercury News, April 10, 1995, p. 1A.

20 「マーケット・シェアが常に収益率の鍵を握る産業があるが、1921年に米国で販売された自動車はことごとくT型モデルのフォードであった」

Richard S. Tedlow, *New and Improved: The Story of Mass Marketing in America,* (New York: Basic Books, 1990), p. 150.

を変更し、米国で最も活気のある港になった。オークランド北の主要港であることはいうに及ばず、世界で6番めに活況を呈するコンテナ港になったのである」
Padraic Burke and Dick Paetzke, *Pioneers and Partnerships: A History of the Port of Seattle,* (Port of Seattle, 1995), p . 85.

「シンガポールは最近5年間、世界で最も活況を呈する港であったが、いまや香港を追い抜き、世界で最も活況を呈するコンテナ港にもなった」"New Hub in South east Asia: Singapore Manages to Supplant Hong Kong as the World's Number One Container Port," *American Shipper,* June 1991, p. 93.

「ニューヨーク港は、1960年代以来ニュージャージー側に主要拠点が移ってきた。ニュージャージーは、ニューヨークよりも土地があり、鉄道と高速道路への便が良いため、最新の港湾設備を備えていたのである。政府所有のマンハッタン、ブルックリン、スターテン島の港は、この動きに追従することができずに、最近2年間で年額約4000万ドルの損失を出し、近い将来に損失を絶つ見込みはほとんどない」
"Questioning the Viability of New York in Shipping," *New York Times,* August 30, 1995, p. A16.

12 「サンフランシスコ港は、シアトル、オークランド、ロサンゼルスと比べた場合、わずか10パーセントしか海運貿易を行っていない。…ここ（サンフランシスコ）で起こったことは、30年前、コンテナ化された積荷の時代の到来とともにはじまった。…サイズが一様で、トラックや貨車への積載が容易な、巨大な金属のコンテナに物品が入れられるようになると、フィンガー・ピアは時代遅れの遺物となり、サンフランシスコ港は、海運業の墓場になってしまった。…1960年代、サンフランシスコでは船舶修理業者は2万人を雇用していたが、今日では、わずか500人がドライ・ドックで働いているだけである」
"Past and Future Collide on San Francisco's Waterfront," *New York Times,* February 10, 1995, p. A8.

13 「（NCRの）システム3000シリーズは、ポータブル・タイプ、電子ペン手書き入力タイプからデスクトップ・パソコンやワークステーションにまで、さらにサーバーやメインフレーム級の並列処理コンピューターに至るまで、インテルの80 x 86マイクロプロセッサーを搭載している」
"NCR/AT&T: One Era Ends - Another Begins," *Electronic Business,* May, 1993, p. 37.

「ヒューレット・パッカードは、パソコン・ビジネスとは無縁であったが、いま備え、秋に開業したが、タッタード・カバーからは2マイルも離れていなかった。…この店に対抗するために、(タッタード・カバーは) 営業時間を延長し、コーヒー・バーを作り、7500平方フィートのサテライト店をデンバーの中心に開業した。来月には、(タッタード・カバーは) 旗艦店の一番上にレストランを開業することになっているが、そこはデンバーの上品なチェリー・グリーク・ショッピング・センターのすぐ隣である。今のところ、値下げはしないことにしている」
"Chain-Store Massacre in Bookland?" *Business Week*, February 27, 1995, p. 20D.

6 「つい2年前にキヤノンから1億ドルの融資を得たばかりだったネクストは、再び資金不足に陥った」
Randall E. Stross, *Steve Jobs and the Next Big Thing*, (New York: Atheneum, 1993)

7 「ここ数年間ハードウェアに取りつかれていた37歳のジョブズは、ネクストの『伝家の宝刀』は、優秀なコンピューターではなくて、コンピューターに付属しているOSであることをついに認めた。…そこでジョブズは、今度はNeXTを他社製コンピューターで動作するソフトウェアの供給会社に変身させて救済しようと大胆かつ命知らずな動きに出た」
"Steve Jobs' Next Big Gamble," *Fortune*, February 8, 1993, pp. 99-100.

8 「1931年の初め、チャップリンは新聞にいくつか声明を発表している。『トーキーにはあと半年の猶予をやる。多くても1年。それでトーキーはおしまいだ。』しかしそれから3カ月後の1931年5月には意見を少し変化させた。『音声による会話はコメディにあってもよいが、なくてもよい。…私が言ったのは、私が作る種類のコメディには音声の会話が登場しないということだけだ。…私自身は、音声の会話は使えないということを承知している』」
David Robinson, *Chaplin: His Life and Art*, (New York: McGraw Hill, 1985), p. 465.

9 Barry Paris, *Garbo: A Biography*, (New York: Alred A. Knopf, 1995), p. 194.

10 「従来のシステムは、ついに積荷処理コストの増大に結び付くようになった。…1870年当時の価格で比較すれば、(積載) コストは (1870年から1975年の間に) 60倍になった」
The Shipping Revolution: The Modern Merchant Ship, Conway's History of the Ship (London: Conway Maritime Press, 1992), pp. 42-43.

11 「(1959年、シアトル港は) 絶望的な無数の記事のネタになっていた。シアトル港が明らかに死に瀕していることを、記事は宣告していた。シアトル港は、進路配送（各地域の拠点から直接配送する）ネットワークでは、まず商品はウォルマートのトラック・トラクターで配送センターに輸送され、配送センターではウォルマートの各店舗への配送のために仕分けされる。通常、商品依頼があってから48時間以内に配送される」

"Wal*Mart Stores Inc., " *Harvard Business School Case* N9-794-024, rev. April 26, 1994, pp. 6-7

2 「地域の商店で、広い5万立方フィートもある店舗に競合できる商店はほとんどない。日用雑貨のカウンターだけでも、田舎の家族経営の商店のほとんどが桁違いに小さい。またウォルマートの工場直送価格に対応できる店も少ない。地域の商店主が商品に支払う卸値よりも安いことがほとんどだからである。このような結果、町の中心部の商業地域は閑散となり、リトルリーグ・チームのスポンサーはほとんどいなくなり、高校の記念アルバムの広告主も少なくなる。『ウォルマートが町にやってくると、何かがなくなる運命になる』とミズーリー大学の農村社会学教授レックス・キャンベルは言う」

"How Wal-Mart Hits Main St.: Shopkeepers Find the Nation's No. 3 Retailer Tough to Beat," *U. S. News and World Report,* March 13, 1989, p. 53.

3 「1980年代に発展した専門チェーン店のタイプで重要なのは、『カテゴリー・キラー』である。『トイザらス』をモデルとするカテゴリー・キラーとは、スポーツ用品、事務用品、電化製品などの分野で、徹底した在庫管理を行う、取り扱い品目限定の店舗のことである」

Sandra S. Vance and Roy V. Scott, *Wal*Mart: A History of Sam Walton's Retail Phenomenon* (New York: Twayne Publishers, 1994), p. 86.

4 「顧客について知るために、ステイプルズは購買習慣の情報を大量に集め、巨大なデータベースに蓄積した。…ステイプルズはこの情報を使い、その顧客に都合のよいように――法律事務所がたくさんある地域など――新店舗を配置した。…ステイプルズは、リピーター獲得のためにできることは何でも率先して行う。ステイプルズのデータベースには、リピーター情報が細かくインプットされているので、そのような顧客には特別割引を提供することで、顧客を引き付けておくことができるのである」

"How One Red-Hot Retailer Wins Costomers Loyalty," *Fortune,* July 10, 1995, p. 74.

5 「B & N（バーンズ・アンド・ノーブル）は、その地域に販売店を6店舗開業した。その内の1店舗は3万5000平方フィートの床面積と12万5000冊の在庫を

11 「デルの起源をたどると、テキサス大学の学生寮の小さな部屋に行き着く。1984年、当時1年生だったマイケル・デルは、近隣の小売店から余剰品のコンピューターを買い込み、機能を強化して格安料金でパソコンをエンド・ユーザーに直接販売しはじめた。このような直接販売方式で、1年も経たないうちに、月5万ドルの収入を得るようになった。デルは、急速に成長していた彼の会社、「PCs Limited」に全力を注ぐために大学を去ることにした」
"The Story of Dell's Success" from Dell's Home Page on the World Wide Web, June 9, 1995.

12 デルの1996年会計年度の売上は、48億ドルと見込まれている。
Bear Stearns Analyst Report, May 26, 1995.

13 「わが社は、以前の経営上の経済モデルおよびビジネスモデルを全面的に変更しました。そのため後戻りを強いられることになりました。それはどういうことかといいますと、つまり、なによりもまず、顧客の真の利益にならないことは、してはならないということです。…これは今までとはまったく異なる戦略です。競争で優位に立てるように顧客の情報に関する管理を支援し、顧客との協力関係を首尾よく築くことによって、わが社の成功は得られるはずです。…収益の変遷をご覧になれば、(今から5年前) ソフトウェア・サービスからの収益が大半を占め、ハードウェアの収益はそれに比べるとごくわずかであることがよくおわかりになるでしょう」
"Smooth Sailing on an Ink-Black Sea; Unisys Eyes Information Service," *Computer Reseller News,* June 13, 1994, p. 226.

14 "Note on the PC Network Software Industry 1990," *Harvard Business School Case* N9-792-022, rev. September 5, 1991, p. 5.

15 具体例については以下を参照。
Glen Rifkin and George Harrar, *The Ultimate Entrepreneur: The Story of Ken Olsen and Digital Equipment Corporation* (Chicago: Contemporary Books, 1983), pp. 203-42.

■第4章

1 「バーコードの電子読み取り機を販売の場に導入することは、ウォルマートでは1983年に開始された。…電子読み取り機および販売店、配送センター、アーカンサスのベントンビルにある本社の間の通信手段の改善のために、衛星システムに投資することになった。…ウォルマートの2段階ハブ・アンド・スポーク方式

Compaq 1988 Annual Report, p. 3.

6 W・ブライアン・アーサーは、1890年のアルフレッド・マーシャルの見解を現代的に言い換えている。マーシャルによれば「企業のマーケット・シェアの増大に伴い、生産コストを低く抑え、また単に幸運にも早い時期にマーケット・シェアを獲得した企業は、ライバルを出し抜くことができる」という。この理論の現代版というべきものをアーサー教授が次のように要約している。「技術が典型的に進歩するのは、その技術が広く受け入れられ、企業が経験を得て、さらなる開発を進める場合である。このような連鎖は、プラスのフィードバックのループを形成している。より多くの人が技術を受け入れるようになると、技術はさらに改良され、さらに多くの人に受け入れられるために魅力あるものになる」

W. Brain Arthur, *Increasing Returns and Path Dependence in the Economy* (Ann Arbor; University of Michigan Press, 1994), pp. 2, 10.

7 「しかし（IBMの）パソコンの収益は、メインフレームおよびミニコンピューターの収益低下を補ってはいなかった。しかもこの収益低下の大部分は、パソコンの成功が引き起こしているのだった。この結果、IBMの増収率は、1984年以来平均して6.5パーセントになった」

"Is the Computer Business Maturing? New Technology May Not Halt an Eroisn in Growth and Margins," *Business Week,* March 6, 1989, p. 69.

8 「（新しいソフトウェアは）情報への窓口として、IBMのパーソナル・システム/2シリーズのパソコンを使用することになる。…またPS/2の動作には、2年前に発表されたパソコンOS、すなわち基本ソフトウェアOS/2の新しいIBM専用バージョンが必要である」

"A Bold Nove in Mainframes: IBM Plans to Make Them Key to Networking-And So Restore Its Growth: The Software That Ties It All Together," *Business week,* May 29, 1989, pp. 74-75.

9 「IBMは、IBM製のパソコンを販売していない企業にもOS/2のセカンドバージョンを『開放』していくと強調している。…自社以外にも販売することで、OS/2セカンドバージョンの開発と販売を担っているIBMは、OSでも利益に拍車をかけようとしている」

"IBM Annouces OS/2...Again," *System Integration,* June 1991, p. 38.

10 「1994年、コンパックは世界中で480万台のパソコンを販売した。これに対してIBMは400万台であった」

"Personal Computers Worldwide," Detaquest, June 26, 1995, p. 90.

■第２章

1 Michael Porter, *Competitive Strategy: Techniques for Analyzing Industry and Competitors* (NewYork: The Free Press, 1980), pp. 3-4.

2 Adam M. Brandenburger and Barry J. Nalebuff, "The Right Game: Use Game Theory to Shape Strategy," *Harvard Business Review,* July/August 1995, p. 60.

■第３章

1 「5年少しほどの間に、同じ性能で見た場合の価格は90パーセントも減少した。前例のないこのようなユーザー価格の逓減率は、基本的に標準化が成し得たものである。将来に渡って、性能当たりの価格はどんどん減少し続けて、そら恐ろしいほどになると思われる」

Andrew S. Grove, "The Future of the Computer Industry," *California Management Review,* Vol. 33, No. 1, Fall 1990, p. 149.

2 「現在、コンピューター・ビジネスは２つの世界の間の、苦渋を伴う移行期に差しかかっている。すなわち、動きの緩慢な世界、高度にインテグレーションされたシステムの世界から、開発の速度が速く、極めてコストパフォーマンスが高い一方で、十分にはインテグレーションされていない世界への移行期に差しかかっているのである。…パソコンの標準化によって、コンピューター業界の構造がまさに劇的に再編成されつつある。」

"PC's Trudge Out of the Valley of Death," *Wall Street Journal,* January 18, 1993, p. A10.

3 「2､3年のうちには､NCRは､パソコンより上のクラスのコンピューターはすべて､ひとつまたは複数のインテルのチップを使って製造するようになる。NCRの独自メインフレーム・デザイン、そして標準のソフトウェアを動作させることのできないマシンはすべて消滅することになるだろう」"Rethinking the Computer: With Superchips, the Network Is the Computer," *Business Week,* November 26, 1990, p. 117.

4 「オペル氏が1985年にCEOを辞任したとき、IBMでは、1990年には1000億ドル、1994年には1850億ドルの収益があると強気の見通しを立てていた」

"The Transformation of IBM," *Harvard Business School Case,* 9-391-073, rev. September 9, 1991, p. 6.

5 「コンパックは、創業からわずか5年あまりで、売上高10億ドルの目標を達成、最短記録を更新し、歴史にその名を残すことになった」

Notes（参考文献・資料一覧）

■第１章

1　1986年から1994年にかけて、インテルは31.3パーセントの年平均成長率を達成した。Intel Annual Report, 1994.

2　*New York Times,* November 24,1994; p. D1., *Wall Street Journal,* December 14,1994; p. B1.

3　「マッキントッシュのユーザーからの苦情に対処するために、マイクロソフトは、先週、同社のワードプロセッサー・ソフトウェアのメンテナンス・リリースの発売を開始した。同社によると、最新版では、処理速度の向上と、システム拡張の混乱を解決したとしている」

“Microsoft Fixes Word for Mac” *Computer World,* March 27, 1995, p. 40.

「アップルは、先週、ライバルのマイクロソフトと歩調を合わせ同社の次期ＯＳの出荷を延期することを発表した。現時点では、アップルのコープランドは、以前発表されていた1995年の半ばではなく、1996年の半ばに出荷される模様」

“Microsoft Not Alone: Apple Delays Copland OS Release,” *PC Week,* December 26, 1994/January 2, 1995, p. 106.

「『ユーザーが互換性の問題を抱えていたことは残念だ。ユーザーが満足するように全力を尽くした。』とディズニー・インタラクティブ社長、およびソフトウェア開発責任者のスティーブ・マクベスは語っている。『互換性の問題がすべて解消するまでは、努力を続ける。』…同社の社員が認めたように、このプログラムは、既知のエラーを抱えたままで出荷されたが、問題のあるコンピューターはほとんどないと考えられていた」

“A Jungle Out There: The Movie was Hit, the CD-ROM a Dub” *Wall Street Journal,* January 23, 1995, p. A1.

「混乱を回避するため、イントゥイットは先週、３つのバグを修正した税金対策ソフトウェアの修正パッチをオンラインで無償配布を開始した。…同社は、このバグによって生じた申告洩れに対する国税庁からの罰則金および利息についても支払うことにしているが、同社は、MacInTax、Turbo Taxのユーザーの１パーセントに満たないとしている」

“Intuit Issues Patches for Turbo Tax and MacInTax,” *PC Week,* March 6, 1995, p.3.

■日本語版序文の執筆者

小澤 隆生（おざわ・たかお）

1995年に早稲田大学を卒業後、CSK（現SCSK）に入社。1999年にeコマース事業を展開するビズシークを創業、2001年に楽天へ売却。以降、楽天オークション担当役員や楽天野球団の創設に従事。2006年楽天グループを退社し、スタートアップへの投資やコンサルティングを行う。2011年にクロコスを設立し取締役就任後、2012年にクロコスをヤフーに売却し、ヤフーグループの一員に。YJキャピタル代表取締役を経て2013年7月よりヤフー株式会社執行役員、ショッピングカンパニー長。アスクル、一休社外取締役。個人投資家としても多くのベンチャーに投資し、上場やM&Aの多くのトラックレコードがある。

■著者

アンドリュー・S・グローブ（Andrew S.Grove）

元インテルコーポレーション会長兼CEO（最高経営責任者）。1936年、ハンガリーで生まれる。ニューヨーク市立大学を卒業、理学士（ケミカル・エンジニアリング）。1963年、カリフォルニア大学より博士号を取得。フェアチャイルド社研究所勤務を経て、1967年、同研究所アシスタント・ディレクター。1968年、故ロバート・ノイス博士およびゴードン・ムーア博士とインテルコーポレーション設立に参画。1975年、上席副社長に就任。1976年、COO（最高執行責任者）に、1979年、社長に就任。1985年にはニューヨーク市立大学より名誉理学博士号を贈られる。1987年、社長兼CEO（最高経営責任者）に就任。1997年5月より会長兼CEO。米国電気学会（IEEE）名誉会員。カリフォルニア大学バークレー校大学院で6年間半導体について講義。2016年3月21日、インテルにより死去が報じられた。享年79歳。

■訳者

佐々木 かをり（ささき・かをり）

通訳や翻訳を提供する株式会社ユニカルインターナショナル代表取締役社長、ダイバーシティコンサルティングの株式会社イー・ウーマン代表取締役社長。「国際女性ビジネス会議」実行委員長。また現在、上場企業等の社外取締役、博物館等の経営委員・理事、政府審議会委員等を務める。国内外で1500回以上の講演を行う。上智大学外国語学部卒業。米国エルマイラ大学より名誉博士号授与。著書に「自分を予約する手帳術」（ダイヤモンド社）、『なぜ、時間管理のプロは健康なのか』（ポプラ新書）、『必ず結果を出す人の伝える技術』（PHPビジネス新書）ほか著書・翻訳書多数。「ニュースステーション」レポーター、「CBSドキュメント」アンカーなども歴任。1988年ニュービジネス協議会のアントレプレナー特別賞受賞。2008年米国スティービー賞「Best Innovative Company of the year」受賞、2009年ベストマザー賞経済部門受賞。www.ewoman.jp

■翻訳協力

株式会社ユニカルインターナショナル　www.unicul.com
国際会議、役員会、記者会見、商談などの通訳、プレゼンテーション資料、プレスリリース、冊子、ウェブサイトの翻訳などプロフェッショナルなサービスを、グローバル企業や政府・国際機関・大使館等に多言語で30年以上にわたり提供。1987年設立。

パラノイアだけが生き残る

2017年 9月18日　第1版第 1 刷発行
2024年 7月29日　第1版第 3 刷発行

著　者　アンドリュー・S・グローブ
訳　者　佐々木 かをり
日本語版序文　小澤 隆生
発行者　中川 ヒロミ
発　行　株式会社日経BP
発　売　株式会社日経BPマーケティング
〒105-8308　東京都港区虎ノ門4-3-12
装　幀　小口 翔平（tobufune）
編　集　中川 ヒロミ
制　作　アーティザンカンパニー株式会社
印刷・製本　TOPPANクロレ株式会社

本書は1999年に米国で発行されたペーパーバック版を翻訳したものです。1997年に日本で発行された『インテル戦略転換』（七賢出版）を修正したほか、日本語版序文と第10章が追加されています。

本書籍に関するお問い合わせ、ご連絡は下記にて承ります。
http://nkbp.jp/booksQA

ISBN978-4-8222-5534-3　2017 Printed in Japan